비건의 취향

자연식 비건 한민이의 마크로비오틱

프롤로그

마크로비오틱을 접한 지 10년이 되어갑니다.
가장 자주 듣는 두 가지 질문으로 마크로비오틱을 시작해 볼게요.

마크로비오틱은 어떻게 시작하게 되었나요?

저는 어려서부터 마크로비오틱을 생활화하고 있었어요. 물론 그때는 마크로비오틱이 무엇인지도 몰랐지만요.
취미로 텃밭을 가꾸는 아버지 덕분에 자연스럽게 제철 식재료를 접했고, 어머니도 가공식품 대신 재료 본연의 맛을 살려 요리하는 편이었습니다. 학창 시절, 친구들이 "넌 참 어른 입맛이야."라고 했던 게 지금도 기억납니다.

사실, 마크로비오틱은 특별한 게 아니에요. 현대 마크로비오틱 운동은 일본에서 시작했지만, 자연과 환경에 조화롭게 살고자 했던 생각과 생활 방식은 어느 사회에서나 존재해 왔습니다. 할머니의 밥상에서 엄마의 밥상으로 이어져 내려온 것처럼요.

대학 졸업 후 외식업체에서 일했어요. 시간이 지날수록 새로운 요리, 본질을 다루는 요리를 하고픈 마음이 커져갔습니다. 그러다가 마침 채식생활을 하던 언니의 소개로 마크로비오틱을 접하게 되었습니다.

레시피는 어떻게 만드나요?
마크로비오틱 요리를 따로 배웠나요?

마크로비오틱 전문 교육기관인 KUSHI JAPAN에서 이론을 체계적으로 배웠습니다. 제가 강의하고 판매하는 모든 레시피는 독자적으로 개발한 것들이에요. 레시피 만드는 기준이 있는데요. 가장 먼저 고려하는 것은 제철 식재료, 그 다음 계절에 맞는 조리 방법에 따라 메뉴를 정합니다.

한민이의 마크로비오틱을 한마디로 표현하면 "계절에 맞게" 먹자에요.
계절 따라 옷을 바꿔 입듯이 계절에 맞는 식재료로 만들자는 것이지요.
4계절 내내 먹는 된장찌개도 계절에 맞게 봄에는 봄나물을 넣고, 여름
엔 감자 풋고추를 넣고, 가을엔 무 배추, 겨울엔 시래기를 넣고. 아무리
몸에 좋은 레시피, 건강식이라도 일상과, 집밥과 거리가 있다면 달라져
야 해요. 습관적으로 먹는 집밥 자체가 건강식이어야 한다는 거죠.

이 책에서 조리 도구를 특별히 강조하지 않는 것도 어느 주방에나 있는
도구로 쉽게 만들 수 있는 요리여야 한다는 생각 때문입니다.
기본 메뉴를 이해하고 나면 누구나 자신만의 마크로비오틱 비건 레시피
를 만들 수 있어요. 독자 여러분 식탁 위에 건강하고 다양한 마크로비오
틱 요리가 펼쳐지기를 기대합니다.

김 한 민
마크로비오틱 연구가
'한민이의 마크로비오틱
비건 디저트& 비건 레스토랑' 대표

Contents

한민이의 마크로비오틱 비건 디저트 & 비건 레스토랑

비건 & 마크로비오틱

현미 채식을 기본으로 하는 마크로비오틱은
비건과 지향점이 같습니다.
일본에서 배운 마크로비오틱 수업도
일본 비건식으로만 진행되었을 정도입니다.
비건도 취향에 따라 달라지는데요.
저의 비건의 취향은 마크로비오틱입니다.
가공식품을 최대한 배재하고 제철 요리를 먹는,
한마디로 '자연식 비건'이지요.

마크로비오틱의 핵심

마크로비오틱은 'macro(크다, 위대한)+bio(생명, 생물)+tic(방법, 기술)' 세 단어를 조합한 것으로, 위대한 생명의 기술로 불리는 '자연건강법' 입니다.

마크로비오틱은 자연을 거스르지 않는 식습관, 일상을 위한 요리법입니다. 균형 잡힌 식습관을 통해 몸과 마음의 건강을 추구하고, 자연과 조화를 이루는 생활방식이라고 할 수 있습니다.

현대 식생활에서 비롯된 다양한 문제들이 커질수록 마크로비오틱에 관한 세계인의 관심은 점점 증가하고 있는데요. 마돈나, 톰 크루즈, 니콜 키드먼 같은 할리우드 스타, 클린턴 전 대통령 등 유명 인사의 건강 유지법으로 알려지면서 더욱 주목받고 있습니다.

마크로비오틱의 핵심은 '요리 철학' 입니다. 마크로비오틱은 칼로리가 얼마, 미네랄이 몇 퍼센트 같은 수치 중심으로 정형화된 기존의 관점을 뛰어넘어야 한다고 생각합니다. 종합적이고 총체적인 자연에너지(氣)의 관점에 따라 건강을 돌보자고 제안하죠. 무엇보다 인간이 원만한 삶을 유지하고 지속하기 위해서는 자연과 공생해야 한다는 점을 강조합니다.

식물성 재료를 통한 영양 섭취

인류는 긴 시간 곡물을 주식으로 생활해 왔습니다. 농경문화를 뿌리내린 아시아는 물론 유럽이나 미국도 1900년대 초반까지만 해도 육류와 유제품 섭취가 적었지요.

지금은 어떤가요? 곡물이나 콩 같은 식물 단백질 보다 동물 단백질 섭취 비율이 훨씬 높습니다. 식사 때마다 고기, 달걀, 유제품이 당연하단 듯 식탁 한가운데를 차지하고 있지요. "일주일에 한 번은 고기 없는 날"이란 구호가 어색하지 않은 시대입니다. 그러나 안타깝게도 동물 단백질은 장에서 부패하기가 쉽습니다. 지나친 섭취는 당연히 몸에 부담을 주지요. 그래서 마크로비오틱은 곡물이나, 콩, 채소 같은 식물성 재료 섭취를 권합니다.

그래도 "식물성 재료만으로는 영양 섭취가 부족하지 않을까?" 걱정하지 않으셔도 됩니다. 마크로비오틱의 기본에 해당하는 '현미'에는 단백질을 비롯한 지방, 미네랄, 비타민 등이 풍부하게 포함되어 있거든요. 여기에 제철에 나는 채소나 콩 등과 같이 조화로운 식단을 구성한다면 우리 몸에 필요한 영양소를 충분히 공급할 수 있습니다. 일반적으로 유제품에 많이 포함되어 있다고 알려진 칼슘도 마찬가지입니다. 현미와 해조류, 채소를 함께 섭취하면 충분합니다.

우리 전통 식사가 바로 마크로비오틱의 기본

"마크로비오틱이 좋은 것 같긴 한데 일상에서 실현하기는 좀 까다롭거나 번거로울 것 같아요." 요리 수업 도중 종종 듣는 질문입니다. 사실, 마크로비오틱은 우리 일상에 굉장히 가까이 있답니다. 우리에게 가장 익숙한 밥상, 바로 엄마의 밥상입니다.

인공 조미가 적은 천연의 맛, 기름기가 적은 담백한 맛, 제철에 나는 신선하고 흔한 재료로 손수 만들어 주시던 맛. 이것이 현미와 된장국, 해조류나 콩, 제철 채소로 만든 반찬을 기본으로 하는 마크로비오틱 식단입니다.

옛날부터 우리 조상들이 먹어왔고, 엄마의 밥상을 통해 전수돼온 기본식이 바로 마크로비오틱 식단의 핵심이지요.

특별한 날을 위한 요리법이 아니라 일상에서 매일 손쉽고 건강하게 먹기 위한 마크로비오틱 요리. 마크로비오틱이 탄생한 목적이자 이 책의 목적이기도 합니다.

음양오행을 통한 중용의 몸 상태 유지

마크로비오틱은 음과 양의 조화를 통해 몸을 중용 상태로 유지하는 것을 가장 중요하게 여깁니다. 음양오행의 조화라고 하면 뭔가 어렵고 딱딱하고 번거롭게 느껴지실지도 모르겠어요. 그러나, 각 식재료가 가진 음과 양의 성질을 이해하고 나면 우리 집 식탁에 일상적으로 초대할 수 있습니다.

'음성'은 바깥으로 향하는 원심력입니다. 사람으로 비유하자면 활발한 성격을 가진 친구 같은 존재지요. 또한 긴장이 풀어진 상태이고, 차갑고 수분이 많은 성질이라 몸을 차갑게 하는 작용을 합니다. 더운 지역에서 나는 채소와 여름에 수확한 식재료들의 음성 비율이 높은 편입니다.

반면 '양성'은 안으로 모이는 구심력입니다. 역시 사람으로 치면 차분하고 조용하며 움직임이 적은 성격을 가진 이에 비유할 수 있습니다. 추운 지역이나 겨울에 수확한 재료의 대부분이 양성의 성질을 지니고 있으며 수분이 적고 몸을 따뜻하게 해줍니다.

이 둘의 조화를 이루는 것이 '중용' 상태입니다. 마크로비오틱 식사의 기본인 현미가 바로 자연 상태에서 중용으로 맞춰진 식재료에요. 현미에는 지방, 단백질 비타민B1, B2 등이 풍부하며, 백미보다 식이섬유가 5배나 많아 쉽게 포만감을 느낍니다. 이처럼, 오행의 흐름인 계절에 따라봄 여름에는 음성의 식재를, 가을 겨울에는 양성의 식재를 이용한 음식을 섭취해 중용을 유지하는 것이 좋습니다.

일물전체(一物全体): 뿌리부터 줄기, 이파리까지

뿌리부터 줄기, 이파리까지 자연이 베푼 것을 남기지 않고 통째로 먹는다는 의미입니다. 마크로비오틱은 하나의 생명은 그 자체로서 온전한 조화를 이루고 있다고 보는데요. 생명을 통째로 먹음으로써 영양 또한 골고루 섭취할 수 있다고 봅니다. 마크로비오틱의 주식인 '현미'는 일물전체를 상징적으로 보여주는 완전하고 조화로운 곡물입니다. 다른 채소도 마찬가지입니다. 껍질, 잎, 뿌리에 하나의 완전한 생명과 영양이 포함되어 있습니다. 그러니 껍질과 뿌리도 깨끗이 씻어서 있는 그대로 요리해 먹는 습관을 들여보세요.

로컬푸드 및 전통 발효 식품

우리가 생활하는 지역에서 나는 제철 음식을 먹는 것도 무척 중요합니다. 신체와 땅은 밀접한 관계가 있어요. 더운 지역에서 자라는 과일을 차가운 지역에 사는 사람이 자주 먹으면 몸이 점점 차갑게 되어 균형이 깨지는 것과 같은 이치입니다. 그 지역에서 생산되는 제철 음식을 먹고, 여의치 않을 경우 국내 다른 지역에서 생산되는 제철 재료를 기본으로 요리합니다. 또한, 화학 첨가물이 들어간 가공식품 사용을 최대한 줄이고, 친환경 방식으로 재배된 농산물과 조선간장, 된장, 고추장같이 전통 발효 식품을 이용합니다.

마크로비오틱 식사 가이드 라인

마크로비오틱은 현미밥, 채소, 콩이나 콩 제품, 절임류를 기본으로 하고, 주에 서너 번 정도 과일과 같이 단맛이 나는 제품이나 지방이 없는 흰살생선 섭취를 권장합니다. 동물성 지방에 속하는 유제품, 달걀, 고기류는 한 달에 한 번 정도가 적당하다고 봅니다. 그러나 권장량보다 동물성 음식을 많이 먹는다고 해서 "절대 안 돼!" 하고 외치지는 않아요. 다만 마크로비오틱이 지향하는 현미 채식 위주의 건강하고 다양한 요리법을 소개함으로써 보다 건강한 식습관이 집마다 자리 잡기를 바라는 마음입니다.

마크로비오틱 수제 소스와 천연 조미료

제철에 나는 식재료 만큼 소스와 조미료도 중요합니다.
과하게 가공되고 정제된 재료, 첨가물이 들어간 요리,
고지방 버터와 생크림, 동물성 단백질 위주의 고칼로리 식단은
몸에 무리를 줍니다.
마크로비오틱은 정제된 백설탕 대신 비정제된 감미료를 사용하고
버터와 달걀 대신 유기농 식물성 기름이나 두유를 사용합니다.
달걀이나 유제품 등에 알러지가 있는 분들께도 좋은 방식이지요.
기름은 주로 볶음이나 튀김 등 다양한 요리에 활용하기 좋은
유기농 유채유를 씁니다.
맛의 풍미는 살리되 몸에 스트레스를 주지 않고 편안하게 하는
마크로비오틱. 미리 만들어 두고 사용하기 좋은 소스와
천연 조미료를 소개합니다.

표고 다시마 우린물

우유 같은 유제품을 권하지 않는 마크로비오틱은 우리 몸에 필요한 칼슘을 해조류를 통해 섭취합니다. 표고 다시마 우린 물 역시 채소에 부족한 칼슘을 섭취하기 좋은 재료입니다. 다시마는 해조류 중에서도 따뜻한 양성 성질이고, 말린 표고버섯도 생표고버섯보다 양성입니다. 표고 다시마 우린 물은 마크로비오틱 요리에서 자주 사용하기 때문에 냉장고 안에 늘 들어 있는 필수품 중의 필수품이라고 할 수 있어요. 양념장을 만들거나 국물 요리, 찌개 등에 두루두루 활용하기 좋습니다.

재료 건표고(표고 기둥 포함) 3개, 건다시마(가로세로2×4cm) 5장, 물 1.5 ℓ

1   건표고, 건다시마는 흐르는 물에 씻어 유리병에 담고 물 1.5 ℓ 를 넣는다.
2   최소 6시간 우려낸 뒤 사용하고 냉장고에서 일주일~10일간 보관 가능하다.

※ 육수로 쓰고 남은 표고버섯은 찌개나 국을 끓일 때, 다시마는 밥할 때 넣거나 채 썰어 볶음 요리에 활용하세요.

채소국물

마크로비오틱 요리에서는 멸치육수나 고기육수 대신 채소 국물을 사용합니다. 가벼운 국을 끓일 때는 위의 표고 다시마 우린 물을 사용하고, 진한 국물 요리에는 채소를 진하게 우린 채소국물을 사용합니다. 주재료로 쓰고 남은 자투리 채소를 활용해 국물을 우려내는 것도 좋은 방법입니다.

재료 무 1/2개, 건표고버섯 2개, 양파 2개, 양파껍질 1개분(생략 가능), 대파 뿌리까지 1개, 건다시마(2×5cm) 2장, 물 2.5ℓ

1 무는 1.5cm 두께로 큼직하게 썰고, 양파는 1/2등분, 나머지 재료는 깨끗하게 씻어 준비해 둔다.
2 냄비에 준비해둔 재료와 물을 넣고 센 불에서 끓이다가 물이 끓으면 약 불에서 1시간 끓인다.(약 불에서 30분 지났을 때 다시마는 건져내세요)
3 건더기는 체에 밭쳐 국물만 걸러낸다. 채소 국물을 식혀 냉장 보관한다.

※ 채소 육수 건더기 중 무는 조림으로, 표고버섯은 찌개나 국에 활용하면 좋습니다.

생강청

생강은 몸을 따뜻하게 해주는 양성 성질의 재료로서, 부종, 입덧, 구토, 천식 증상, 이명 현상 등을 완화해 줍니다. 9월 말부터 10월 말, 생강의 영양 및 에너지가 최고조에 달할 때 생강청을 만들어 두고 일 년 내내 음식이나 차로 활용해 보세요.

재료 생강 300g, 비정제 사탕수수 원당 200g, 토판염 1/4 작은술

1   생강은 깨끗이 씻어 껍질을 살짝 벗긴다.
2   잘게 다진 생강과 비정제 사탕수수 원당, 토판염을 넣고 버무린다.(양이 많을 경우 푸드 프로세서를 이용해도 좋지만 가급적 칼을 이용하세요. 전기는 극 음성 성질이라 가급적 사용을 줄이는게 좋습니다)
3   만든 생강청은 유리병에 담아 냉장고에 넣고 최소 1개월간 숙성 시킨 뒤 사용한다.

바질 페스토 드레싱

바질은 신경계 강장제로 사용될 정도로 집중력을 키워주고, 정신적 피로, 두통, 편두통, 불면증, 우울증, 히스테리에 효과적입니다. 또한 호흡기 계통의 질병인 코막힘, 천식, 기관지염, 독감 등에도 좋으며, 지성 피부나 급성 염증성 피부질환에도 좋습니다. 다만, 바질을 비롯한 허브는 음성 성질이라 마늘, 잣과 같이 양성의 재료와 함께 사용하기를 권합니다. 몸이 차가운 분들은 자주 먹거나 한 번에 많이 먹는 것을 피하세요.

재료 생바질 30g, 국산 잣 30g, 엑스트라 버진 올리브 오일 60g, 통마늘 2쪽, 토판염(다져진 갯벌에서 생산되는 소금) 1작은술, 후추 약간

1   생바질은 흐르는 물에 한 번만 씻어 체에 밭쳐 물기를 뺀다.(많이 씻으면 바질 향이 날아가기 때문에 여러 번 씻지 않아요)

2   잣은 마른 프라이팬에 살짝 볶는다.(생략 가능)

3   믹서기에 모든 재료를 넣고 곱게 간다.

4   바질 페스토를 유리병에 담고 공기가 통하지 않도록 올리브 오일을 더 붓는다.

5   만든 바질 페스토는 유리병에 담아 냉장고에 넣고 하루 정도 숙성시킨 뒤 사용한다. 많은 양을 만들었을 경우 냉동보관해도 좋다.

데리야끼 소스

마크로비오틱은 정제한 식품을 가급적 피하라고 권합니다. 시중에서 판매되는 소스는 화학 첨가물이 다량 함유되어 있어 염도가 높고 고혈압과 동맥경화의 원인이 되기도 하거든요. 인공적으로 발효한 양조간장(진간장) 대신 조선간장을 이용해 양성 성질의 맛있는 데리야끼 소스를 만들어 보세요. 시판용 굴 소스나 조림용 간장 대신 사용하기 좋습니다.

재료 조선간장 130cc, 물 400cc, 비정제 사탕수수 원당 130cc, 사과 1/4개 레몬 1/4개(생략 가능), 다진 생강 또는 생강청 1작은술, 대파 1개(대파는 뿌리 쪽에 영양분이 많이 모여 있어요. 뿌리까지 전부 사용합니다), 건표고 버섯 2개, 전분물 1.5큰술(전분1 : 물2)

1 사과는 0.5cm 두께로 자르고, 대파는 뿌리까지 깨끗하게 씻어 준비한다.

2 냄비에 전분 물을 제외한 모든 재료를 넣고 끓이다가 간장 물이 끓어오르면 약 불로 낮춰 20~25분간 끓인다.(내용물이 1/3가량 줄어들 정도)

3 전분물 1.5큰술을 나누어 넣고 한소끔 더 끓인다.

4 데리야끼 소스가 식으면 체에 거른다.

5 냉장고에서 2~3주 정도 보관할 수 있다.

오리엔탈 드레싱

간장, 식초 등을 넣어 만든 오리엔탈 드레싱은 자주 드셔보셨을 거예요. 오리엔탈 드레싱의 주성분인 간장은 메주(대두, 노란 콩), 천일염, 물을 오랜시간 숙성 시켜 만든 양성 성질의 조미료인데요. 마크로비오틱은 화학 첨가물 비율이 높은 시판용 드레싱 대신 국산 콩을 이용해 전통방식으로 발효 시켜 만든 한식 간장(조선간장, 재래 간장) 사용을 권합니다. 한식 간장은 인공 발효시킨 양조간장, 진간장보다 짜고 단 맛이 없어서 처음엔 불편하게 느껴질 수도 있어요. 그럴 땐 물에 희석하거나 조청, 비정제 사탕수수원당 등을 첨가해서 써보세요. 뛰어난 감칠맛을 느낄 수 있을 겁니다.

재료 조선간장 1.5큰술, 현미식초 2큰술, 기름 2큰술, 조청 2큰술, 사과 1/6개 (50g), 다진 마늘 1/4작은술, 토판염 2꼬집(간장 염도에 따라 가감)

1 사과는 강판에 갈아서 둔다.
2 믹싱볼에 분량의 재료를 모두 넣고 휘퍼기로 잘 저어 냉장고에 1시간 정도 숙성시킨 후 사용한다.
3 냉장고에서 2주 정도 보관 가능.

두유 마요네즈

음성 성질의 두유에 양성 성질의 양파, 겨자를 넣은 두유 마요네즈는 시판 마요네즈 열량의 1/3 정도로 담백하고 맛있게 즐길 수 있습니다.

재료 무첨가 두유 150cc, 한천 가루 1/4작은술, 전분 2/3작은술, 현미식초 1/2작은술, 비정제 사탕수수 원당 1/4작은술, 토판염 1/2작은술, 기름 3큰술, 양파 가루 1/4작은술, 유기농 머스터드 1/4작은술

1 냄비에 무첨가 두유, 한천 가루, 전분을 넣고 살짝 끓으면 식혀 굳힌다.(팔팔 끓이지 않고 데우는 정도로만 끓여주세요)

2 1이 굳으면 믹서기에 나머지 재료를 분량대로 넣고 곱게 갈아 1시간 숙성시킨다.(굳은 두유는 푸딩 같은 질감이 납니다)

3 냉장고에서 일주일 정도 보관 가능.

마크로비오틱 깨소금

음성의 깨와 양성의 토판염을 이용한 깨소금은 마크로비오틱 요리의 기본 재료 중 하나입니다. "검정깨 서 말이면 소도 이긴다."는 말이 있듯이 검정 깨는 사람의 기운을 북돋워 주는 스태미나 식품인데요. 두발 건강, 탈모 예방, 노화 방지, 피부 미용, 면역력 강화, 변비 해소, 골다공증 예방, 콜레스테롤 배출, 두뇌 건강 등에 좋습니다. 미리 만들어 두고 나물 무칠 때, 간 할 때, 주먹밥을 만들 때 활용해 보세요.

재료 검정깨 10큰술, 토판염 2작은술

1   검정깨는 씻어 체에 밭쳐 물기를 빼 둔다.
2   예열한 프라이팬에 토판염을 넣고 살짝 노란빛이 돌 때 까지 볶는다.
3   볶은 소금은 절구에 넣고 곱게 빻는다.
4   물기 뺀 검정깨도 프라이팬에 넣고 검정깨가 통통해질 때까지 볶는다.
5   볶은 검정깨를 곱게 빻은 뒤 3의 소금을 넣어 섞는다.
6   보관용기에 담아 사용한다.

※ 이밖에도 한민이의 마크로비오틱 요리에는 양파 가루, 표고버섯 가루, 마늘 가루 등을 자주 이용합니다. 말린 가루는 본연의 재료에 함유된 수분이 빠지면서 말리기 전보다 오히려 더 많은 영양소가 응축된 양성의 상태가 됩니다. 영양 섭취에 도움이 될 뿐만 아니라 맛을 좀 더 풍부하게 만들어 줍니다.

봄,

오행(五行) 중 목(木)의 에너지는 하루 중 아침, 계절 상 봄에
해당하며, 상승의 기운을 가지고 있습니다. 봄이면 겨우내 우
리 몸에 쌓인 독소로 간 기능이 떨어져 춘곤증이 발생하지요.
신맛이 나는 음식, 땅을 뚫고 자란 봄나물 등 봄철 식재료는
춘곤증을 예방해 주고 간과 담낭을 이롭게 해줍니다.

죽순현미밥

음성 성질의 죽순은 4월 말부터 6월 사이가 제철입니다. 단맛이 나며 식이 섬유가 풍부해 장을 튼튼하게 하고, 동맥경화, 고혈압, 비만에 효과적입니다. 또한, 심신 안정에 좋아 예로부터 유산을 예방하고 입덧을 다스려 준다고 전해집니다. 다만 찬 성질을 가지고 있어서 저혈압이거나 몸이 찬 사람은 많이 먹지 않는 것이 좋습니다. 이 시기에 죽순으로 밥을 지어 먹으면 마치 단 옥수수를 먹는 것과 같이 자연스러운 단맛을 느낄 수 있습니다.

재료(4인분) 삶은 죽순 200g, 현미 쌀 200cc, 물 380cc

1   삶은 죽순은 먹기 좋은 크기로 자른다.
2   불리지 않은 현미 쌀을 깨끗하게 씻은 뒤 냄비에 분량의 물을 넣는다. 그 위에 손질해둔 죽순을 올리고 뚜껑을 닫은 뒤 센 불로 끓이다가 끓어오르면 가장 약한 불로 낮춘다.(영양소가 손실되기 때문에 물에 헹구지 않고 그대로 식는다)
3   25~30분 뒤 뚜껑을 열어 밥이 다 됐으면 잘 섞은 뒤 5분간 뜸을 들인다.

두릅초밥

산나물의 제왕인 두릅은 약간 찬 성질을 가지고 있습니다. 칼슘, 칼륨, 비타민A, C를 풍부하게 함유하고 있으며, 불안, 초조, 불면증 등의 증세를 완화해주고, 두통, 어지럼증, 위궤양, 위경련 등에도 효과적입니다.

재료   현미밥 3공기(600g), 두릅 20개, 김띠 20개

단촛물 비정제 사탕수수 원당 1.5큰술, 토판염 2/3큰술, 현미식초 3.5큰술

1   냄비에 단촛물 재료를 모두 넣고 원당과 토판염이 다 녹을 때까지 끓인 뒤 식힌다.

2   두릅은 살짝 데쳐 식혀둔다.

3   분량의 현미밥에 단촛물을 넣고 잘 섞은 뒤 밥을 식혀둔다.

4   3의 밥은 한입 사이즈 초밥 모양으로 만든 뒤, 데친 두릅을 올리고 김띠로 고정해 완성. (김띠는 김을 반으로 자른 뒤 0.5cm 두께로 잘라 사용한다)

재료	현미밥 3공기(600g), 불린 표고버섯 3개, 유부 4장, 연근 1/2개, 당근 1/3개, 깻잎 2장
단촛물	비정제 사탕수수 원당 1.5큰술, 현미식초 3.5큰술, 토판염 2/3큰술
유부 표고버섯용 조림	표고 다시마 우린 물 150cc, 조선간장 1큰술, 비정제 사탕수수 원당 1큰술
연근 당근용 조림	물 70cc, 비정제 사탕수수 원당 1큰술, 토판염 1/2작은술

지라시즈시

초밥은 말 그대로 밥에 식초를 넣어 만든 단촛물로 간을 하고, 그 위에 날생선을 올려 만든 음성 성질의 음식입니다. 초밥의 찬 성질은 따뜻한 성질의 고추냉이로 보완해 줍니다. '지라시즈시'는 그릇에 밥을 담고 그 위에 재료를 뿌리듯 올린 초밥이라는 뜻입니다. 생선 대신 여러 절임 채소를 활용해 간편하고 손쉽게 즐겨보세요.

1 단촛물은 냄비에 분량의 재료를 모두 넣고 모든 재료가 녹을 때까지 끓인 뒤 식힌다.

2 연근과 당근은 길이대로 0.3cm 두께로 썬 뒤 크기가 큰 건 4등분, 작은 건 2등분한다.

3 표고버섯 기둥은 길이대로 2~3등분으로 찢고, 버섯은 0.3cm 두께로, 유부는 0.5cm로 채 썬다.

4 냄비에 연근 당근용 조림재료를 모두 넣고 조림물이 끓으면 썰어놓은 당근, 연근을 넣어 조림 물이 없어질 때까지 조린다.

5 4의 냄비에 유부 표고버섯용 조림재료를 넣고 조림 물이 끓으면 손질한 유부, 표고버섯 슬라이스, 표고버섯 기둥을 넣고 조림 물이 없어질 때까지 조린다.

6 따뜻한 현미밥에 만들어 놓은 단촛물을 뿌려가며 밥에 간을 한다.

7 오목한 그릇에 6의 현미 초밥을 담고 조린 연근, 당근, 유부, 표고버섯 슬라이스를 골고루 뿌리고 마지막에 깻잎 슬라이스를 올려 마무리한다.

상추쌈과 저염 된장

쌈은 상추, 깻잎 등의 잎채소를 말하는데 대부분의 잎채소는 음성 성질을 가지고 있습니다. 잎채소에 부족한 양성 성질과 단백질을 보충하기 위해서 우리 조상들은 예로부터 쌈장이나 된장과 함께 먹었습니다. 하지만 쌈장이 너무 짜면 건강에 좋지 않겠죠? 쌈장을 만들 때 얼린 두부와 마를 넣어 보세요. 된장의 염도를 낮춰줄 뿐만 아니라, 얼린 두부는 고기와 같은 쫄깃한 식감을 주고 마의 끈적끈적한 성분인 뮤신은 체내 단백질 흡수를 높여주는 역할도 합니다.

재료 얼린 두부 100g, 마 50g, 팽이버섯 1/2봉지, 대파 1/2대, 된장 1큰술, 고추장 1/2큰술, 참기름 1작은술, 통깨 약간

1   얼린 두부는 해동한 뒤 물기를 꼭 짜서 준비한다.
2   마는 껍질을 벗겨 잘게 다져두고, 팽이버섯, 대파도 잘게 다진다.(마를 맨손으로 만질 경우 가려울 수 있으니 장갑을 착용하고 손질하세요)
3   달궈진 팬에 기름을 두르고 1의 얼린 두부를 넣고 볶다가, 팽이버섯, 마를 넣고 볶아 식힌다.(얼린 두부를 볶을 때 수분 없이 고슬고슬하게 볶는 것이 포인트)
4   된장, 고추장, 고춧가루를 넣고 잘 섞은 뒤 3과 참기름, 통깨를 넣어 마무리.

유부현미김밥

봄 하면 역시 소풍. 이럴 때 빠질 수 없는 메뉴, 김밥입니다. 햄, 어묵, 맛살 같은 가공식품 대신 두부나 유부를 넣고, 흰쌀밥 대신 현미밥을 이용해 김밥의 높은 칼로리는 낮추고 영양가는 높여보세요.

재료(4줄)　　　단단한 두부 1/2모, 유부 10장, 쌈무 8장, 상추 4장

유부 양념　　　표고 다시마 우린 물 200cc, 조선간장 1큰술, 조청 2큰술

김밥용 밥 양념　현미밥 2공기(400g), 토판염 1/2작은술, 참기름 1작은술, 통 깨 약간

1　두부의 물기를 빼고 1cm 두께로 잘라 앞뒤로 토판염을 살짝 뿌린 뒤 팬에 기름을 두르고 노릇하게 구워 식힌다.

2　구운 두부가 식으면 손가락 굵기 정도 두께로 자른다.

3　유부는 물에 한 번 헹궈 물기를 뺀 뒤 냄비에 유부 양념 재료와 같이 넣고 센 불에서 끓이다가 중불로 낮춰 양념이 없어질 때까지 졸인다.

4　졸여진 유부는 식힌 뒤 물기를 살짝 짜 둔다.(물기를 너무 강하게 제거하면 양념이 빠져나와 유부의 맛이 떨어져요)

5　밥이 뜨거울 때 김밥용 밥 양념재료를 넣고 간이 베이도록 골고루 섞은 다음 밥을 식힌다.

6　도마에 김을 올리고 밥을 얇게 편 뒤 그 위에 상추, 쌈무, 두부, 유부를 넣어 김밥을 만다.(다양한 제철 재료로 즐기세요)

봄나물 텐동

봄나물은 봄에 먹을 수 있는 최고의 보양식입니다. 나물을 싫어하는 아이들도 맛있게 먹을 수 있는 봄나물 덴푸라 덮밥, 다양한 봄나물로 시도해 보세요. 봄나물 대신 제철 재료를 활용하면 사계절 즐길 수 있어요.

재료	세발나물 두 줌(40g), 냉이 두 줌(40g), 돌나물 한 줌(20g), 양파 1/2개(80g), 당근 1/3개(40g), 통밀 가루 8큰술, 조선간장 1작은술
덮밥 간장 소스	조선간장 50cc, 비정제 사탕수수 원당 2큰술, 물 2컵, 양파 1/4개, 대파 1대

1   냄비에 덮밥 간장 소스 재료를 모두 넣고 센 불에서 끓이다가 간장 물이 끓으면 약 불로 줄여 20~30분간 더 끓인다. 건더기는 체로 걸러내고, 소스만 따로 담아 식혀둔다.

2   세발나물, 냉이, 돌나물은 깨끗하게 씻는다.

3   사이즈가 큰 냉이는 2~3등분 한다.

4   양파와 당근은 얇게 채 썬다.

5   볼에 냉이, 세발나물, 돌나물, 양파, 당근, 통밀 가루, 물, 조선간장 재료를 모두 넣어 잘 버무려 두고, 180°C로 예열된 기름에 버무려 둔 봄나물을 손바닥 크기 정도로 얇게 펴서 튀겨낸다.

6   그릇에 현미밥을 담고 그 위에 봄나물 튀김을 얹고 마지막에 덮밥 간장 소스를 뿌려 마무리.

두부 소보루 김치덮밥

음성 성질의 배추는 비타민C가 풍부해 감기 예방에 좋습니다. 배추에 함유된 비타민C는 가열하거나 소금에 절여도 잘 파괴되지 않습니다. 식이섬유가 많아 장 활동에 도움을 주고, 가래가 끓는 천식에 좋으며 폐의 열을 떨어뜨려 주는 효과도 있습니다. 소금에 절여 숙성해 먹는 김치는 배추의 음성 성질이 양성 성질로 변하게 되는데, 그래서 배추김치는 그 자체로 음양의 궁합이 좋은 음식입니다. 특히, 봄에는 김치가 새콤해져서 요리로 해 먹는 게 좋습니다. 또한, 얼린 두부는 일반 두부보다 단백질 함량이 6배나 높아 마크로비오틱에서는 다진 고기 대신 사용합니다.

재료(4인분) 신김치 1/4포기, 양파 1/2개(100g), 얼린 두부 1/2모(200g), 참기름 약간, 조선간장 약간(김치 염도에 따라), 현미밥 4공기, 김 가루 약간

1 신김치는 흐르는 물에 씻어 물기를 꼭 짠 뒤 잘게 썰어둔다.(이파리에 붙어 있는 양념을 제거하는 정도로만 씻어주면 돼요)

2 얼린 두부는 자연 해동한 뒤 물기를 꼭 짜서 손으로 보슬보슬하게 으깨놓고, 양파는 밑동까지 잘게 다진다.(양파는 밑동에 영양소가 많이 들어 있으니 버리지 말고 다 사용하세요)

3 달궈진 프라이팬에 기름을 두르고 양파를 볶다가 물기를 뺀 두부를 넣고 고슬고슬해질 때까지 중간 불에서 볶는다.

4 3에 손질해 둔 김치를 넣고 한 번 더 볶은 뒤 분량의 밥을 넣어 잘 섞는다.

5 참기름을 넣고 위에 김 가루를 뿌려 마무리.

마늘종무침

따뜻한 성질을 가진 마늘종은 마늘 수확 전인 5월이 제철입니다. 위로 자라나는 성질이 있기 때문에 마늘에 비하면 음성이지만 본연의 성질은 양성입니다. 마늘과 마늘종은 내장을 따뜻하게 하고 신진대사를 촉진하여 기력을 높여줍니다. 손발이 차거나 심장이 두근거릴 때 좋고, 뛰어난 살균 효과와 함께 감기, 기침, 가래, 천식 등에도 효과적입니다. 마늘종을 생으로 무치면 위가 약한 분들에게는 쓰릴 수도 있어요. 살짝 데치면 특유의 강한 아린 맛은 줄어들고 식감은 더 좋아집니다. 데친 뒤에는 찬물에 헹구지 말고 그릇에 펴서 그대로 식히는 것이 좋은데, 물에 헹구면 마늘종이 가진 영양소가 물에 희석되기 때문입니다.

재료   마늘종 200g, 양파 1/4개(50g)

양념장   고춧가루 2.5큰술, 고추장 1작은술, 조선간장 2/3큰술, 매실청 1/2큰술, 조청 1큰술, 표고버섯 가루 1/2작은술, 생강청 약간

1   마늘종은 먹기 좋은 크기로 자르고 끓는 물에 소금을 약간 넣어 딱 10초 간 데친 뒤 그릇에 넓게 펼쳐 놓는다. 이때 따로 물에 헹구지 않는다.

2   양파는 슬라이스로 썰고, 양파 밑동은 다져서 양념장 만들 때 넣는다.

3   분량의 양념장 재료를 넣어 양념장을 만든다.

4   데친 마늘종에 양념장을 버무려 완성.

두릅장아찌

음성 성질을 가진 두릅은 생으로 먹지 않고, 데치거나 장아찌로 만들어 양성의 기운을 더해 섭취합니다. 산나물의 제왕이라 불리는 두릅은 단백질이 다량 함유되어 있고, 철분, 칼슘, 비타민 등이 들어 있어 혈당을 낮추고, 당뇨, 신장, 위장병에도 좋습니다.

재료 두릅 300g, 조선간장 150cc, 표고 다시마 우린 물 350cc, 조청 5큰술, 현미식초 4큰술, 생강청 1작은술

1 두릅을 제외한 모든 재료를 전부 냄비에 넣어 팔팔 끓인 뒤 완전히 차갑게 식힌다.
2 두릅은 잔가시는 손질하고, 끓는 물에 소금을 약간 넣고 30초간 데친 뒤, 그대로 펴서 식혀둔다.
3 보관용기에 완전히 차갑게 식힌 두릅을 넣고 식힌 간장 물을 부은 후 상온에서 2~3시간 둔 다음 냉장고에 보관한다.
4 장기간 보관하려면 간장 물만 따로 끓여 완전히 식힌 다음 부어주는 과정을 두 번 더 반복한다.

냉이 된장국

대표적인 봄나물인 냉이는 따뜻한 양성의 성질을 가지고 있습니다. 피로
해소, 춘곤증, 두통, 변비 설사, 소화, 눈의 피로를 푸는 데 도움을 줍니다.
냉이와 된장국 모두 해독작용을 하는 간에 이로운 음식이기 때문에 봄에
아주 좋습니다.

재료 냉이 두 줌(80g), 두부 1/4모, 양파 1/2개(100g), 표고 다시마 우린 물 1
ℓ, 표고버섯 2개, 된장 2큰술

1   냉이는 깨끗하게 씻어 3~4cm 길이로 자르고, 두부와 양파도 먹기
    좋은 크기로 자른다.

2   표고버섯은 밑동은 결대로 찢고, 윗부분은 채 썰어둔다.(표고버섯
    도 밑동에 영양소가 많이 함축되어 있으니 버리지 말고 전부 사용
    하세요)

3   냄비에 표고 다시마 우린 물과 된장을 넣고 잘 풀어준 후
    물이 끓으면 두부, 양파, 표고버섯을 넣고 5분간 끓인다.

4   마지막에 냉이를 넣고 한소끔만 더 끓여낸다.

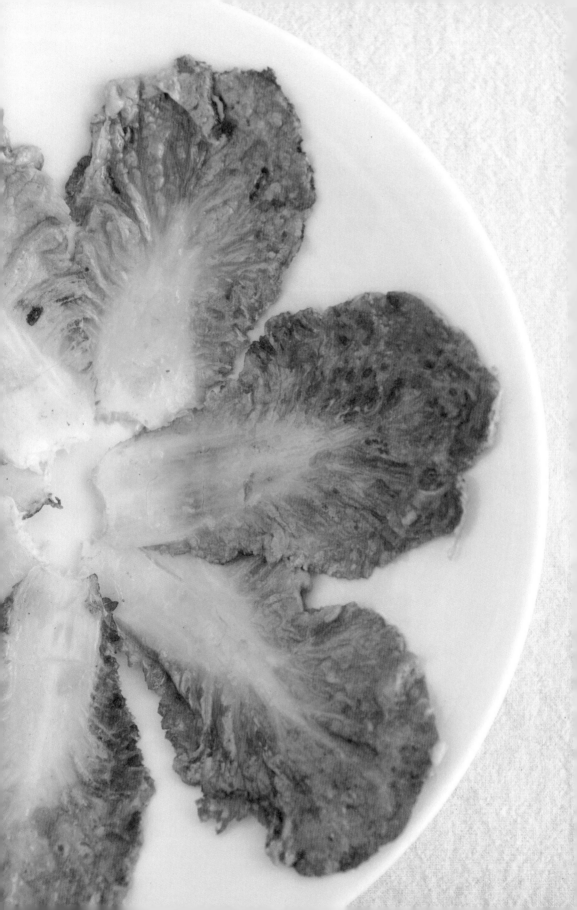

봄동배추전

음성 성질의 봄동은 이른 봄부터 먹을 수 있습니다. 봄동은 간 기능을 강화해주고, 동맥경화, 고혈압 예방에 도움이 되며, 비타민A, 칼륨, 칼슘, 인 등이 풍부해 빈혈에도 좋습니다. 대파, 양파와 같은 양성 성질의 식재료와 함께 사용해서 음양의 조화를 이룹니다.

재료　　봄동잎 20~25장

부침가루　통밀 가루 5큰술, 표고버섯 가루 1/2큰술, 양파 가루 1작은술, 마늘 가루 1/4작은술, 조선간장 1/2 작은술, 물 7큰술

1　부침가루 재료 중 물, 조선간장을 제외한 나머지 분량의 재료를 모두 넣고 잘 섞는다.(부침가루를 넉넉히 만들어 냉장 보관해두고 사용해도 좋아요)

2　1에 물과 조선간장을 넣고 반죽 물을 만든다.

3　봄동 잎에 반죽을 살짝 묻혀 프라이팬에서 노릇하게 굽는다.(초고추장이나 간장을 곁들여도 맛있어요)

미나리버섯초회

음성 성질의 미나리는 열을 내려주고, 염증을 가라앉히며, 체내에 쌓인 독을 빼주는 역할을 합니다. 양성의 재료와 같이 조리해서 먹고, 몸이 찬 사람들은 자주, 많이 먹지 않도록 합니다.

재료 미나리 15줄기, 느타리버섯 300g, 조선간장 2/3작은술, 통깨 1큰술

1 냄비에 물 300cc와 토판염 2꼬집을 넣고 끓는 물에 미나리를 살짝 데쳐 식혀 둔다.
2 느타리버섯은 먹기 좋은 크기로 손질해 프라이팬에 기름을 두르지 않은 채 볶고 버섯에서 물기가 나오면 조선간장, 깨를 넣고 한 번 더 볶아낸다.(버섯을 볶을 때 기름을 많이 두르면 버섯향을 느끼기 어려워요)
3 볶은 버섯은 먹기 좋게 가지런히 두고, 데친 미나리로 고정한다.
4 기호에 따라 초고추장을 곁들어 낸다.

봄나물 두부카나페

봄에는 입맛을 돋워 줄 음식을 많이 찾게 됩니다. 몸의 생리적 기능을 조절하기 위해서는 비타민과 무기질이 다량 함유된 식품이 좋은데, 봄철 햇나물이 제격입니다. 대부분의 봄나물에는 비타민C가 풍부하고 단백질과 칼슘, 철분 등의 무기질이 많이 함유되어 있습니다. 음성 성질의 두부는 소금을 넣어 끓는 물에 데치는 것으로 음양의 균형을 맞춥니다.

재료 단단한 두부 1모, 치자열매 1개, 물 2컵, 각종 봄나물 3줌(총 100g)

카나페 소스 조선간장 1.5큰술, 표고 다시마 우린 물 2큰술, 조청 1큰술, 현미식초 1큰술100g

1 1.5cm 두께로 도톰하게 썬 두부를 치자 물에 3~4시간 담가 두부에 색깔을 입히고 간수도 뺀다.(치자 물은 치자열매 한 개를 손으로 부순 뒤 물 2컵을 섞어 만들어요)

2 봄나물들을 깨끗하게 손질해 4cm 길이로 썰어 둔다.

3 볼에 샐러드 소스 재료를 모두 넣고 소스가 봄나물에 베이도록 2의 봄나물에 미리 묻혀 둔다.

4 두부는 물기를 빼고 앞뒤로 토판염으로 살짝 간을 한 뒤 기름을 두른 팬에 노릇하게 굽는다.

5 접시에 구운 치자 두부를 담고 그 위에 봄나물 샐러드를 올린다.

봄나물 탕평채

청포묵은 녹두로 만든 묵입니다. 단백질과 필수 아미노산 함량이 풍부해서 어린이 성장발육에 좋고, 고혈압, 당뇨, 골다공증, 비만에도 효과가 있습니다. 아토피 등 피부 건강에도 탁월합니다. 음성 성질의 녹두는 갈증을 없애 주는 효과가 있습니다. 달래, 겨자 등의 양성재료와 같이 활용해 음양의 밸런스를 맞춘 봄나물 탕평채입니다.

재료   청포묵 1모, 달래 한 줌(30g), 세발나물 한 줌(30g), 숙주 한 줌(50g)

겨자 소스   겨자 2작은술(겨잣가루 2작은술, 따뜻한 물 1큰술을 잘 섞어 따뜻한 곳에 10분간 둔다), 조청 1큰술, 현미식초 2큰술, 조선간장 2작은술, 다진 마늘 1작은술, 다진 잣 1큰술

밑간 소스   조선간장 1큰술, 조청 2작은술, 참기름 약간

1   청포묵은 반으로 자른 뒤 길이 4cm 두께 0.3cm 크기로 잘라 끓는 물에 투명해질 때까지 데친 후 체에 밭쳐 식힌다.

2   겨자 소스 재료를 혼합해 냉장고에 보관한다.

3   깨끗하게 손질한 세발나물과 냉이는 4cm 길이로 잘라 준비한다.

4   숙주는 살짝 데쳐 식혀둔다.

5   분량대로 밑간 소스를 만들어 데친 청포묵에 버무린다.

6   볼에 손질한 세발나물, 냉이, 데친 숙주를 넣고 만들어 둔 겨자 소스를 넣어 버무린다.

7   접시에 5의 양념한 청포묵을 담고 그 위에 6의 버무려 놓은 봄나물을 올려 마무리.

현미 인절미 쑥떡

따뜻한 양의 성질을 가진 쑥은 칼슘, 인, 철분 등 무기질과 비타민A, C, B도 풍부합니다. 또한, 생리통이나 요통에도 좋으며, 지혈효과도 탁월합니다. 몸을 따뜻하게 해주는 쑥의 성질은 몸이 찬 소음인들에게 잘 맞습니다.

재료 쑥 100g, 현미 찹쌀가루(습식) 300g, 비정제 사탕수수 원당 2큰술, 토판염 1/4작은술, 볶은 콩가루 약간

1 쑥은 깨끗하게 씻은 뒤 푸드 프로세서로 갈아준다.

2 현미 찹쌀가루, 원당, 토판염을 1에 넣고 손으로 비벼가며 가루를 섞는다.

3 김이 오르는 찜기에 2를 넣고 10~15분간 찐다.

4 도마에 종이 호일을 깔고 그 위에 기름을 살짝 바른 뒤 3의 찐 현미 쑥 찰떡을 여러 번 치대어 떡을 쫄깃하게 한다.(유채유를 바르면 찰떡이 종이 호일에 붙지 않아 치대기 쉬워요)

5 먹기 좋은 크기로 자른 뒤 콩가루에 버무려 완성.(기호에 따라 볶은 콩가루에 원당을 살짝 첨가해도 됩니다)

현미 떡볶이

현미에 붙어있는 쌀눈은 쌀이 포함한 영양소의 69%를 차지하며, 백미보다 단백질, 비타민, 지방이 풍부하게 함유되어 있어 마크로비오틱을 상징하는 대표적인 곡물입니다. 일반적으로 백미로 만든 쌀떡이나 밀가루 떡으로 떡볶이를 만드는데 현미 떡을 사용하면 영양을 더 높일 수 있습니다. 어묵 대신 유부를 사용해 식감도 높인 현미 떡볶이. 맛있게 즐겨보세요.

재료	현미 떡볶이 1/2봉지(300g), 양파 1/2개(100g), 유부 5장, 대파 1/2대(40g), 당근 1/3개(60g), 새송이버섯 1개(60g), 표고 다시마 우린 물 300cc
떡볶이 소스	고추장 3큰술, 고춧가루 1큰술, 조청 1큰술, 비정제 사탕수수 원당 1큰술, 표고버섯 가루 2작은술, 마늘 가루 1작은술, 양파 가루 1작은술, 토판염 1/4작은술

1 분량의 재료를 전부 넣고 떡볶이 소스를 만든다.

2 당근, 양파, 버섯은 먹기 좋은 크기로 채 썰고, 대파는 뿌리까지 사용해서 어슷썰기 한다. 유부는 크기에 따라 2등분 또는 그대로 사용한다.

3 냄비에 표고 다시마 우린 물 300cc와 분량의 떡볶이 소스를 전부 넣고 끓인다. 소스 물이 끓으면 채소와 유부, 현미 떡 순서로 넣고 떡이 부드러워질 때까지 졸인다.

여름,

오행(五行) 중 화(火)의 에너지는 하루 중 낮, 계절 상 여름에
해당하며, 활발하게 확산하는 기운을 가지고 있습니다. 약간
매운맛이나 쓴맛의 음식을 먹는 것이 좋으며, 수분이 많은 음
식, 조리 시간을 짧게 하거나 가열하지 않는 생채소를 먹는 것
도 좋은 식습관입니다. 여름 제철 식재료는 심장과 소장을 이
롭게 해줍니다.

콩나물밥

입맛이 없거나 특별한 반찬이 없는 날을 풍성하게 해주는 요리, 콩나물밥입니다. 콩나물에는 단백질, 비타민, 무기질, 탄수화물 등이 풍부해서 부종과 근육통에 좋고, 위 속의 열을 없애주며, 감기에도 좋습니다. 아스파라긴산이 함유되어 있어 숙취 해소에도 탁월합니다. 몸속의 열을 내려주는 콩나물은 음성 성질이 강하기 때문에 예로부터 익혀 먹어 왔습니다. 양성 성질을 가진 당근, 대파, 양파 등을 함께 요리해서 음양의 균형을 맞추도록 합니다.

재료(4인분) 콩나물 300g, 당근 1/3개, 생 현미 쌀 2컵, 물 4컵

양념장 양파 1/2개, 대파 1/3개, 조선간장 3큰술, 표고 다시마 우린 물 2큰술, 통깨 1/2큰술

1 헹구듯 씻은 현미 쌀을 냄비에 담고 분량의 물을 넣어 밥을 짓는다.(현미는 겉면에 영양소가 붙어 있어서 비비듯이 쌀을 씻으면 상처가 나서 영양소가 빠져나갈 수 있어요. 현미를 씻을 땐 손목에 힘을 빼고!)

2 센 불에서 끓이다가 밥물이 끓으면 약 불로 낮춰 30분간 둔다.

3 밥이 다 되면 불을 끄고 5분간 뜸을 들인다.

4 당근은 얇게 채 썰고, 양파와 대파는 다진다.

5 콩나물과 당근은 증기에 5분간 찐다.(또는 저수분 냄비 이용)

6 양념장 재료를 전부 넣고 양념장을 완성한다.

7 그릇에 현미밥을 담고 그 위에 데친 당근과 콩나물을 올리고 기호에 따라 양념장을 곁들인다.(구운 김과 싸먹어도 맛있어요)

모둠채소피클

음성 성질의 오이는 더운 여름 몸속의 열을 내려주고, 부족한 수분을 보충해주는 역할을 하지만, 성질이 차갑기 때문에 과잉 섭취하면 몸이 너무 차가워질 수 있습니다. 양파와 같은 양성 성질의 식재료와 함께 조리해 음양의 균형을 이루도록 합니다.

재료　　오이 4개, 양파 1/2개, 레드 파프리카 1/2개, 옐로우 파프리카 1/2개

피클 물　피클링 스파이스 1작은술, 비정제 사탕수수 원당 150cc, 물 300cc,
　　　　　현미식초 150cc, 토판염 1.5큰술

1　오이는 1cm 두께로 동그랗게, 양파와 파프리카는 3×3cm 크기의
　　사각모양으로 자른 뒤 보관 용기에 담는다.

2　피클 물 재료 중 현미식초를 제외한 모든 재료는 냄비에 넣고 끓이
　　다가 끓어오르면 현미식초를 넣고 한소끔 더 끓인 뒤 채소를 담은
　　용기에 붓는다.(뜨거울 때 부어야 채소가 아삭합니다)

3　상온에서 2~3시간 둔 뒤 냉장 보관한다.

4　냉장에서 3~4일 숙성시킨 뒤 먹는다.

구운 대파 마리네이드

양성 성질의 대파는 혈액순환을 도와 수족냉증을 예방해주고, 면역력을 강화해 감기에도 좋은 식재료입니다. 뿌리에도 영양분이 많기 때문에 뿌리까지 식재료로 활용하는 습관을 들여 보도록 합니다. 발사믹 식초와 같이 음성재료와 같이 섭취하면 음양 균형에 도움이 됩니다.

재료 대파 큰 사이즈 3개

소스 홍고추 1개, 다진 마늘 1/2작은술, 유기농 씨겨자 1작은술, 발사믹식초 1작은술, 현미식초 1.5큰술, 비정제 사탕수수 원당 2작은술, 토판염 1/2작은술, 기름 2큰술

1 홍고추는 얇게 총총 썰어 볼에 담고 소스 재료를 전부 섞은 뒤 30분간 숙성시킨다.

2 대파는 푸른색 부분까지 4~5cm 크기로 자르고, 두께가 두꺼운 흰 부분은 반으로 잘라 준비한다.

3 대파 뿌리 부분은 잘게 다져 1의 소스에 넣는다.

4 프라이팬에 기름을 두르지 않고 대파 흰 부분을 노릇하게 앞뒤로 굽고, 푸른색 부분은 숨만 죽을 정도로 살짝 굽는다.

5 구운 파가 식으면 통에 가지런히 담고, 그 위에 만들어 둔 소스를 뿌려 2시간 정도 절인 뒤 냉장고에 보관한다.

파인애플 볶음밥

양성인 마늘종을 음성인 파인애플과 요리해 균형을 이룬 볶음밥입니다. 열
대 과일인 파인애플은 음성 성질이 강한 편입니다. 따라서 파인애플에 열
을 가하거나 양성 성질의 재료와 함께 요리하기를 권장합니다. 양성 성질
의 마늘종은 마늘과 같이 고혈압, 당뇨, 고지혈증, 복부비만 등과 같은 대사
증후군 증상에 효과적입니다. 강력한 살균작용 효과가 있고 혈액순환에도
좋아 손발이 찬 분들에게 좋은 요리입니다.

재료 파인애플 1/8개, 다진 대파 2큰술, 마늘종 5줄기, 다진 홍고추 1작은술,
현미밥 2공기(400g), 조선간장 1.5큰술

1   파인애플은 먹기 좋은 크기로, 마늘종은 총총 썬다.
2   달군 프라이팬에 오일을 두르고 마늘종을 넣고 볶다가 다진 대파,
홍고추, 파인애플을 넣어 단맛이 우러나도록 볶은 뒤 현미밥을 넣
고 볶는다.
3   조선간장으로 간을 맞춘다.

군함 초밥

고추냉이와 겨자를 넣어 초밥의 찬 성질을 보완한 요리입니다. 대표적인 여름 채소 오이는 맛은 달고 찬 성질을 가지고 있으며 독이 없습니다. 요즘은 사계절 내내 오이를 먹을 수 있지만, 여름철 햇볕을 듬뿍 받고 자란 오이야말로 맛과 영양에서 으뜸입니다. 오이는 여름철 갈증 해소와 더위를 먹었을 때 효과적이고, 부종이나 피부미용에도 좋아 여름철에 빠질 수 없는 식재료입니다.

재료(15개) 현미 쌀 200cc, 현미 찹쌀 50cc, 물 2컵(400cc), 오이 1/2개 (80g), 토판염 3꼬집, 생고추냉이 1/2작은술, 조선간장 1/2작은술, 레드 파프리카1/8개(20g), 김밥용 김 3장

단촛물 비정제 사탕수수 원당 1.5큰술, 토판염 1/2큰술, 현미식초 4큰술

1 현미 쌀과 현미 찹쌀은 깨끗하게 씻어 물기를 완전히 뺀 뒤 물 2컵을 넣고 밥을 짓는다.(다시마 한 장을 넣어 밥을 지으면 밥맛이 훨씬 좋아요)

2 분량의 재료대로 단촛물을 끓여 식힌다.

3 오이와 파프리카는 잘게 다진다.

4 오이는 토판염 3꼬집을 넣고 절인 후 물기를 뺀 뒤 다진 레드 파프리카, 생와사비, 조선간장을 넣고 버무린다.

5 다 지은 밥에 단촛물 3큰술을 넣어 양념한다.(기호에 따라 단촛물을 가감하세요)

6 한입 크기로 밥을 만들고 김 띠에 두른 뒤 군함 초밥 재료를 올려 완성한다.

7 와사비간장을 곁들어 낸다.

오이장아찌

95%가 수분인 오이는 부종에 좋고, 노폐물 배출에도 효과적인 음성재료입니다. 또한, 아스코르브산 성분이 알코올을 분해해 체외로 배출하는 작용을 해 숙취 해소에도 도움이 됩니다. 칼로리가 100g 당 9kcal 밖에 되지 않기 때문에 대표적인 다이어트 식품으로도 꼽힙니다. 새콤달콤한 오이장아찌는 기름진 음식을 먹을 때 곁들여 음양의 균형을 맞춥니다. 남은 장아찌 간장에 다진 마늘을 넣어 샐러드드레싱으로 활용해보세요. 오일이 들어간 드레싱보다 깔끔한 맛을 즐길 수 있습니다.

재료	토판염 1큰술, 오이 5개
장아찌 간장 물	조선간장 100cc, 물 400cc, 비정제 사탕수수 원당 120cc, 현미식초 150cc

1 오이는 깨끗하게 씻어 길이대로 반으로 자른 뒤 토판염을 넣고 1시간가량 절인 다음 한 번 씻어 물기를 뺀다.

2 냄비에 식초를 제외한 장아찌 간장 재료를 넣고 끓어오르면 현미식초를 넣고 한소끔 더 끓인다.

3 뜨거울 때 손질해 둔 오이에 바로 붓는다.(뜨거울 때 부어야 오이가 아삭아삭해요)

4 상온에서 반나절 둔 뒤 냉장고에 보관한다.

5 3일 뒤, 간장 물만 따라서 한 번 더 끓인 다음 식혀서 다시 오이에 부어주는 과정을 두 번 반복한다. 10~15일 뒤면 맛있게 먹을 수 있다.(처음에만 뜨거울 때 간장 물을 붓고, 그다음에는 완전히 식혀서 부어주세요. 그렇지 않으면 오이가 물러진답니다)

오이소박이

오이소박이는 음성 성질의 오이를 양성 성질의 토판염을 이용해 절인 음식입니다. 몸속의 열을 내려주기 때문에 여름철 무더위를 다스리는 데 효과적이에요. 따뜻한 성질을 가진 부추를 이용해 음양의 균형을 맞춥니다.

재료 오이 10개, 절임용 토판염 25g

양념 고춧가루 150cc, 배즙 50cc, 조선간장 75cc, 표고 다시마 우린 물 75cc, 부추 한 줌(50g), 다진 마늘 1큰술, 당근 1/3개(40g), 양파 1/4개(50g)

1 오이는 길이대로 4~5등분 한 뒤 1cm만 남기고 열십자로 칼집을 넣는다.
2 칼집 사이사이에 토판염을 뿌려 1~2시간 정도 절인다.
3 부추는 깨끗하게 손질하여 1cm 길이로 총총 썰고, 분량대로 오이소박이 양념을 만든다.
4 절인 오이는 흐르는 물에 한 번만 씻고 체에 밭쳐 물기를 뺀다.
5 오이 칼집 사이에 양념을 골고루 묻혀 용기에 담아 바로 냉장 보관한다. 하루 이틀 숙성 시켜 먹는다.

양배추 깻잎장아찌

우리나라의 대표적인 향신 재료인 깻잎은 항암효과가 뛰어나며, 깻잎의 칼륨 성분은 나트륨을 몸 밖으로 배출해 주는 역할을 합니다. 식중독, 빈혈 예방 효과도 뛰어납니다. 깻잎의 음성 성질을 보완해주는 것이 양배추입니다. 양배추가 위장보호에 좋다는 말은 들어보셨을 거에요. 위장보호에 좋은 영양분이 양배추 심 부분에 집중되어 있으니 이파리와 함께 심 부분도 같이 섭취하는 습관을 들이시기 바랍니다.

재료 양배추 800g(1/2통), 깻잎 40~50장, 양배추 절임용 토판염 2큰술, 양배추 절임용 물 4큰술

장아찌 물 비정제 사탕수수 원당 3/4컵, 물 4컵, 토판염 2/3큰술, 현미식초 1컵

1 깻잎은 깨끗하게 씻어 물기를 빼 두고, 양배추는 1/2등분 한 뒤(양배추 한 장이 손바닥 사이즈가 되도록) 심 부분을 자른다.(양배추 심은 얇게 편으로 썰어둡니다)

2 분량대로 소금물을 만든 뒤 양배추를 넣고 30분~1시간 정도 절인다.(절인 양배추는 물에 헹구지 않고 그대로 사용해요)

3 절인 양배추와 깻잎을 켜켜이 포개어 용기에 담아둔다.

4 냄비에 비정제 사탕수수 원당, 물, 토판염, 양배추를 절일 때 나온 소금물을 넣고 팔팔 끓인 뒤 현미식초를 넣고 한소끔 더 끓으면 불을 끄고 바로 3에 붓는다.

5 상온에서 반나절 정도 숙성시킨 뒤 냉장고에 넣어둔다. 다음날부터 먹을 수 있다.

연두부 카프리제 샐러드

카프리제 샐러드라고 하면 모차렐라 치즈와 토마토를 이용해 만든 샐러드
가 떠오르시죠? 마크로비오틱 스타일로 요리한 카프리제 샐러드는 치즈
대신 연두부를 사용합니다. 연두부와 토마토는 둘 다 음성 성질의 식재료
예요. 우리 몸을 시원하게 해주는 여름 샐러드로 더운 여름에 즐겨보세요.

재료 연두부 한팩, 토마토 2개, 바질페스토 약간

1 연두부는 0.5cm 두께로 자른다.

2 토마토는 꼭지가 밑으로 가도록 도마에 놓고 연두부와 비슷한 두께
   로 자른다.

3 그릇에 연두부와 토마토를 번갈아가며 담고, 그 위에 바질페스토를
   뿌리면 끝.(기호에 따라 발사믹 식초를 곁들어도 좋아요)

버미셀리 샐러드

버미셀리 샐러드는 동남아시아에서 먹는 비빔국수의 일종으로 음성 성질이 강한 여름 음식입니다. 제일 얇은 굵기의 쌀국수를 뜻하는 버미셀리에 설탕 대신 조청을 넣은 수제 스위트 칠리소스를 뿌려서 매콤하고 새콤한 국수 샐러드를 즐겨보세요.

재료 베미셀리 면 1봉지, 숙주 1/2봉지(150g), 양파 1개, 양상추 1/4통, 레드 파프리카 1개, 느타리버섯 1봉지 (150g), 오이 1개, 깻잎 5장, 청양고추 4개(생략 가능), 레몬 1/4개(생략 가능)

수제 스위트 칠리소스 조청 135cc, 비정제 사탕수수 원당 3큰술, 토판염 1.5 큰술, 통마늘 3개, 홍고추 3개

1 스위트 칠리소스 만들기-믹서기에 모든 재료를 넣고 홍고추가 곱게 갈릴 때까지 갈아서 소스를 완성한다.(1시간 정도 숙성 후 사용하세요)

2 버미셀리 면은 찬물에 30~40분간 불린 뒤 물기를 빼둔다.

3 숙주는 살짝 데치고 버섯은 기름을 두르지 않은 팬에 구운 다음 식힌다.

4 깻잎, 양상추, 양파, 오이, 파프리카는 채 썰어둔다.

5 청양고추는 잘게 다지고, 레몬은 얇게 슬라이스 한 뒤 수제 스위트 칠리소스에 넣어 냉장 보관한다.(청양고추나 레몬은 기호에 따라 생략해도 좋아요)

6 1, 2의 버미셀리 면은 끓는 물에서 30초간 데친 뒤 찬물에 헹궈 물기를 빼둔다.

7 그릇에 준비한 채소를 가지런히 담고 가운데를 면으로 장식한다. 소스는 먹기 직전에 뿌리기.

샐러리 장아찌

여름이 제철인 샐러리는 차가운 음성 성질을 가지고 있습니다. 섬유질이 풍부해서 변비에 효과적이고, 고혈압을 비롯해 어지럼증, 두통에도 탁월해요. 보통 샐러리를 먹을 때 껍질과 잎을 제거하고 먹지만, 껍질에 더욱 많은 섬유질이 들어 있고 잎에는 줄기보다 더 많은 비타민과 무기질이 들어있습니다. 일물전체. 잎, 뿌리, 껍질까지 먹자. 꼭 기억해 주세요.

재료   샐러리 500g

장아찌 물   조선간장 150cc, 물 450cc, 비정제 사탕수수 원당 7큰술, 현미식초 5큰술

1 샐러리는 깨끗하게 씻고 껍질째 얇게 어슷하게 썰어 통에 담는다.(샐러리 잎까지 모두 사용하세요. 소화를 돕기 위해 얇게 써는 것이 좋습니다)

2 샐러리 장아찌 재료를 전부 넣고 팔팔 끓인 뒤 뜨거울 때 1에 바로 붓는다. 상온에서 완전히 식으면 냉장 보관.(이 과정을 두 번 반복하면 보관 기간을 늘릴 수 있어요. 단, 두 번째부터는 간장 물을 끓인 뒤 완전히 식힌 다음 부어 줍니다)

가지 된장 구이

대표적인 여름채소 가지는 극 음성 성질이라 익혀 먹기를 권합니다. 가지 된장 구이는 양성 성질의 된장을 이용해 각각의 재료에 부족한 부분을 보완하고 시너지를 높인 요리입니다. 가지의 폴리페놀 성분은 발암물질을 억제하고 혈압을 낮춰주며, 비타민을 다량 함유하고 있어 피로 해소에도 좋습니다. 100g당 칼로리가 16kcal밖에 되지 않기 때문에 다이어트 식품으로도 인기가 좋습니다.

재료   가지 2개(250g), 청·홍 피망 1/6개씩

된장 소스   된장 1.5큰술, 물 3큰술, 양파 1/4개(50g), 표고버섯 가루 1.5작은술, 양파 가루 1작은술, 마늘 가루 1/2작은술

1   가지는 길이대로 길게 4등분 한다.

2   양파, 청·홍 피망은 잘게 다진다.

3   팬에 기름을 살짝 두르고 다진 양파를 넣고 볶다가 된장을 넣고 볶는다.

4   분량의 물과 나머지 된장 소스의 재료를 모두 넣어 소스를 완성한다.

5   프라이팬에 기름을 두르고 가지를 노릇하게 굽다가 물을 약간 넣고 살짝 익힌다.(가지는 지용성 비타민을 함유하고 있어 기름과 같이 요리하면 비타민 흡수율을 높일 수 있어요)

6   5의 익힌 가지를 접시에 가지런히 담은 뒤 그 위에 된장 소스를 얇게 바른다. 썰어둔 청·홍 피망을 올려 마무리.

오리엔탈 대파 파스타

여름에 손쉽게 먹을 수 있는 오리엔탈 대파 파스타는 차갑게 먹는 냉파스타입니다. 조리법과 밀가루 자체가 음성 성질이므로 대파 같이 양성의 성질을 가진 재료와 함께 요리하도록 합니다.

재료 대파 2대, 통밀 건파스타 250g, 오리엔탈 드레싱 2/3컵

1 대파는 5~6cm 길이로 자른 뒤 채 썬 다음 물에 한 번 헹궈 물기를 빼둔다.(대파 뿌리는 잘게 다져 소스에 넣어주세요)

2 냄비에 물 1.5 리터를 넣고 끓으면 토판염 1큰술과 분량의 파스타를 넣어 면을 익힌 뒤 그릇에 펼친다. 면이 붙지 않도록 기름을 묻혀 식힌다.(면은 약 70% 정도만 익혀주세요)

3 식은 파스타에 채 썬 대파, 오리엔탈 드레싱을 넣고 버무려 완성.(대파가 매우면 팬에 살짝 볶아도 좋아요)

재료 방울토마토 20개, 통마늘 15개, 애호박 1/6개, 올리브 오일, 후추 약간,
통밀 스파게티면 150g, 물 2ℓ, 토판염 20g

토마토 통밀 파스타

토마토 통밀 파스타는 토마토 본연의 맛과 구운 마늘의 달콤한 맛을 느낄 수 있는 오일 파스타입니다. 토마토는 사계절 먹을 수 있지만, 여름이 제철이예요. 여름 토마토에는 비타민C가 가장 많이 들어 있습니다. 음성 성질의 토마토는 생으로 먹기보다 살짝 익히거나 소스로 만들어 섭취하는 것이 좋습니다. 양성 성질의 마늘, 양파, 애호박 등과 같이 요리해서 맛도 챙기고 영양도 챙겨보세요.

1 냄비에 2ℓ의 물을 넣고 끓인다.

2 방울토마토는 반으로 자르고, 애호박은 길쭉하게 채 썰어 둔다.

3 물이 끓으면 분량의 토판염과 스파게티 면을 넣고 삶는다.(건스파게티 면 자체에는 소금간이 되어 있지 않아서 면을 삶을 때 물과 소금의 비율을 정확히 해야 면과 소스가 따로 놀지 않아요)

4 면은 씹는 식감이 있을 정도로 삶아 건져내고, 면 삶은 물은 따로 놔둔다.

5 팬에 기름을 두르고 중간 불에서 통마늘이 노릇해질 때까지 굽는다.(스파게티를 만들 때 보통 올리브 오일을 많이 사용하는데 가정에서 쓰는 엑스트라버진 올리브유는 끓는점이 낮아 발암물질이 생성될 수 있어요. 따라서 엑스트라 버진 오일을 사용할 땐 열로 직접 가열하는 조리방식을 피하고, 파스타나 샐러드 등에 살짝 뿌려 먹는 것이 좋습니다.)

6 마늘이 노릇해지면 방울토마토, 애호박 순으로 볶는다.

7 6에 면 삶은 물 300cc를 넣어 팔팔 끓으면 삶아둔 면을 넣고 국물이 없어질 때까지 졸인다.

8 간을 보고 싱거우면 소금을 약간 넣는다. 불을 끄고 후추와 올리브 오일을 살짝 넣어 마무리.

재료	애호박 1/5개(50g), 양송이버섯 5개, 토판염 3꼬집, 통밀 토르티야 4장
피자 소스	생토마토 250g, 당근 40g, 양파 가루 1작은술, 마늘 가루 1작은술, 토판염 1/8작은술, 생바질 약간, 올리브 오일 1/2큰술
캐슈너트 크림 소스	캐슈너트 3큰술, 아몬드 가루 1작은술, 올리브 오일 2큰술, 무첨가 두유 1.5큰술, 레몬즙 1큰술, 토판염 1/2작은술, 조청 1/2큰술, 땅콩잼 1/2큰술

마크로비오틱 피자

마크로비오틱 요리는 유제품 사용을 지양하며, 너트와 두부, 해조류 등을 통해 필요한 영양소를 섭취합니다. 유제품 없는 마크로비오틱 조리법으로도 피자를 만들 수 있습니다. 모차렐라 치즈 대신 캐슈너트로 만든 크림 소스와 두부를 올려 피자 특유의 풍미를 살렸습니다. 토마토 소스에 설탕 대신 양성의 당근을 갈아 넣어 토마토 소스의 단맛을 높임과 동시에 토마토의 강한 음성 성질의 균형을 잡아줍니다.

1 피자 소스 만들기-토마토는 크기에 따라 4~5등분하고, 당근은 잘게 썬다. 냄비에 기름을 두르고 토마토와 당근을 넣고 볶다가 물이 생기면 약간 약한 불로 낮춰 소스를 졸인다.

2 졸여진 소스를 믹서기로 곱게 간 뒤 다시 냄비에 넣어 피자 소스 재료와 함께 한소끔 더 끓여 소스를 완성한다.

3 양송이를 제외한 모든 채소는 0.5cm 크기로 잘게 썰고 양송이는 슬라이스 한다.

4 팬에 기름을 두르고 양파를 볶다가 나머지 재료를 넣어 살짝 볶는다. 소금 3꼬집, 후추를 약간 넣고 간을 한다.

5 통밀 토르티야에 피자 소스를 얇게 바르고 그 위에 토르티야 한 장을 더 올린 뒤 피자 소스를 듬뿍 바른다.

6 볶은 채소와 양송이를 올리고 캐슈너트 크림을 뿌려 200℃로 예열된 오븐에 15분간 굽는다.

7 구워진 피자 위에 발사믹 소스, 바질을 올려 마무리.

단호박 기장 고로케

따뜻한 양성 성질의 단호박은 몸이 차가운 분들에게 좋고, 인슐린 분비를 촉진하는 효능이 있어 당뇨병 예방 및 치료에도 도움을 줍니다. 또한, 풍부한 베타카로틴이 눈 건강에 도움을 줍니다. 단호박에 부족한 음성 성질을 보완하기 위해 기장을 넣어 만든 고로케입니다.

재료 기장밥 1.5공기, 삶은 단호박 400g, 토판염 1/4작은술, 통밀 가루 1/2컵, 물 1/2컵, 우리 밀 빵가루 약간

1 볼에 기장밥과 삶은 단호박을 넣고 찰기가 생길 때까지 치댄다.
2 1의 단호박 기장은 타원형 모양으로 만든다.
3 볼에 통밀 가루와 물을 1:1로 넣어 반죽 물을 걸쭉하게 만든다.(계란 물 대신 사용해요)
4 타원형 모양으로 만든 기장 단호박은 만들어 둔 반죽 물, 빵가루 순서로 묻힌다.
5 팬에 기름을 넉넉히 두르고 노릇하게 구워낸다.

콘스프

옥수수는 현미처럼 중용의 식재료입니다. 식이섬유가 많이 함유되어 있어 다이어트에 효과적이며, 피부 건조증, 노화, 습진 등에 좋고, 여름철 식욕 부진과 무기력증 완화에 제격입니다. 옥수수수염은 소변을 편하게 보지 못하는 증상을 완화해 줍니다. 아이들 간식이나 이유식, 바쁜 아침 식사 대용으로 드셔보세요.

재료 찐 옥수수 2개(알맹이만 300g), 양파 1개, 표고 다시마 우린 물 4컵, 무첨가 두유 2컵, 통밀 가루 1.5큰술, 토판염 1작은술

1 찐 옥수수 알맹이만 떼어낸다.(초당 옥수수가 좋아요)

2 냄비에 기름을 두르고 다진 양파를 단맛이 날 때까지 볶는다.

3 2에 손질한 옥수수 알맹이와 통밀 가루를 넣고 볶다가 표고 다시마 우린 물을 넣고 끓인다. 끓으면 약 불로 줄이고 중간에 한 번씩 저어가면서 20분간 더 끓인다.

4 3을 믹서기에 넣어 곱게 간 뒤 냄비에 다시 붓는다. 분량의 무첨가 두유를 조금씩 넣어가며 농도를 맞춘다.

5 토판염으로 간을 한다.

재료 부추 30g, 불린 당면 50g, 불린 표고 5개, 양파 1개, 통 연근 1개(400g),
숙주 50g, 토판염 1/4작은술, 참기름 1작은술, 우리 밀 만두피 30장

야끼교자

야끼교자는 일본말로 구운 만두를 말합니다. 한쪽 면만 노릇하게 굽고 다른 쪽 면은 찐만두 상태를 유지하는 게 특징이에요. 고기 없이 연근과 채소를 이용해 속을 만드는데, 야끼교자의 주재료인 연근을 갈아서 볶으면 식감이 쫀득해서 마치 완자를 씹는 듯한 맛을 즐길 수 있습니다. 숙주, 표고버섯, 참기름, 만두피는 차가운 성질을 가진 음성의 재료이고, 주 재료인 연근을 비롯해 양파, 부추, 토판염은 따뜻한 양성의 재료입니다. 건강하고 맛있는 야끼교자. 즐겨보세요.

1 숙주는 데친 뒤 물에 헹구지 말고 접시에 펼쳐 그대로 식힌 후 잘게 썬다.
2 연근은 깨끗하게 씻어 껍질째 강판에 간다.
3 부추, 양파, 불린 표고, 불린 당면은 잘게 다진다.
4 팬을 달군 뒤 약 불에 기름을 두르고 갈아둔 연근을 넣고 투명해질 때까지 볶는다.
5 연근이 투명해지면 양파를 넣고 볶다가 불린 표고를 볶는다.
6 부추, 불린 당면을 넣고 살짝만 볶은 다음, 불을 끄고 토판염과 참기름을 넣고 간을 맞춘다.
7 만두를 반달 모양으로 빚는다.
8 달군 프라이팬에 기름을 살짝 두른 뒤 빚은 만두를 가지런히 올리고 바닥에 닿은 면이 노릇해질 때까지 굽는다.(이 때 완전 노릇하게 구워주세요. 먹을 때 밑면은 바삭, 윗면은 촉촉.)
9 물을 4큰술을 넣고 두껑을 덮어 위쪽 면을 익힌다.
10 위쪽 면이 투명해지면 참기름을 살짝 두른다. 노릇한 면이 보이도록 그릇에 담아낸다.

감자 샐러드

감자처럼 음성 성질이 강한 재료는 꼭 익혀서 양기를 더해주고, 양성 성질의 양파, 당근 등과 같이 요리해 균형을 이루는 것이 좋습니다. 감자 샐러드에 들어가는 오이 역시 음성 성질의 재료인데요. 양성 성질의 소금에 절여 음양의 균형을 맞추었습니다. 시판용 마요네즈 대신 마크로비오틱 두유 마요네즈를 활용해서 칼로리는 낮추고 영양가는 높여보세요.

재료 감자 6~7개(600g), 양파 1/2개(100g), 오이 1개(150g), 당근 1/3개
(40g), 두유 마요네즈 2/3컵, 토판염 1/2 작은술

1 감자는 깨끗하게 씻어 껍질째 익힌다.(감자는 껍질에 영양분이 많아요. 껍질째 먹어야 음양의 균형을 맞출 수 있답니다)

2 껍질째 얇게 어슷썰기 한 오이를 분량의 토판염에 30분간 절인 뒤 물기를 꼭 짜서 잘게 다진다.

3 당근(역시 껍질째)과 양파도 오이와 같은 크키로 자르고 달군 프라이팬에 기름을 살짝 둘러 볶은 뒤 식힌다.

4 삶은 감자, 볶은 양파와 당근, 절인 오이(물기를 꼭 짜주세요), 두유 마요네즈를 넣고 버무려 완성.

감자 그라탕

음성 성질이 강한 대표적인 여름철 식재료 감자는 껍질에 약간의 양성 성질이 들어 있어서, 껍질째 조리해 먹기를 권합니다. 여름 제철 양파를 넣어 감자가 지닌 강한 음성 성질을 보완한 감자그라탕. 만들어 볼까요?

재료 감자 2개(250g), 양송이버섯 10개(150g), 양파 1/2개(100g), 두유 마요네즈 10큰술, 캐슈너트 한 줌(40g), 토판염 2꼬집, 후추, 파슬리 약간씩

1 캐슈너트는 1시간 정도 물에 불린 뒤 물기를 제거하고, 두유 마요네즈와 함께 믹서기에 넣고 곱게 갈아 캐슈너트 두유 마요네즈 소스를 만든다.

2 감자는 껍질째, 양송이와 양파는 각각 0.2cm 두께로 얇게 슬라이스 한다.(슬라이스 한 감자는 물에 한 번 씻어 물기빼기)

3 팬에 기름을 두르고 감자를 볶다가 감자가 투명해지면 양파, 양송이 순서로 볶은 다음 토판염 2꼬집을 넣고 마저 볶는다.

4 3을 살짝 식힌 후 후추와 캐슈너트 두유 마요네즈 3큰술을 넣고 버무려 준다.

5 오븐 용기에 버무린 감자를 담고 그 위에 다시 캐슈너트 두유 마요네즈를 듬뿍 바른 뒤 200°C로 예열한 오븐에 윗면이 노릇해질 때까지 10~15분간 굽는다.

6 파슬리를 뿌려 마무리.

가을,

오행(五行) 중 금(金)의 에너지는 하루 중 저녁, 계절 상 가을에 해당하며, 응축되는 에너지를 가지고 있습니다. 무와 같이 톡 쏘는 매운맛을 섭취하는 게 좋으며, 따뜻한 기운을 주는 조리법이나 음식이 좋습니다. 가을 제철 식재료는 폐와 대장을 이롭게 해줍니다.

우엉당근볶음(킨삐라)

'킨삐라'는 칼로 연필을 깎는 듯한 모양으로 우엉을 썰어 간장에 조린 음식을 일컫는 일본말입니다. 혈관 안에 쌓인 지방을 녹여주는 우엉은 일명 '혈관 청소기'라고 불릴 만큼 콜레스테롤 수치와 혈압을 낮춰주는 효과가 탁월합니다. 차가운 음성 성질의 우엉을 양성 성질의 당근과 같이 조리하여 음양의 조화를 이루었습니다. 킨삐라는 주로 반찬으로 먹지만 김밥 속 재료로 활용해도 좋아요.

재료 우엉 150g, 당근 150g, 조선간장 1큰술

1 우엉과 당근은 껍질째 0.2cm로 어슷하게 썬 후 곱게 채 썬다.

2 달궈진 프라이팬에 기름을 두르고, 우엉을 3~5분간 볶다가 물을 자작하게 붓는다. 우엉이 절반 정도 익으면 그 위에 당근을 가지런히 올려 익힌다.(우엉이 잠기지 않을 정도로만 물을 부어주세요. 익히는 도중 물이 부족하면 조금씩 추가합니다)

3 우엉과 당근이 부드럽게 익고, 국물량이 3큰술 정도 남았을 때 조선간장을 넣어 마무리.

버섯 미역국

일반적으로 해조류는 양성인데, 미역은 음성 성질의 재료입니다. 그래서 미역국은 오래 끓이는 것이 맛도 좋고 음양 균형을 맞추는 데도 좋습니다. 미역은 철분과 엽산이 풍부해 빈혈에 효과적이며 칼슘, 마그네슘, 단백질 함량이 높아 성장기 어린이 및 중년 골다공증 예방에도 좋습니다. 또한, 요오드 함량이 높아 갑상선 기능에도 탁월한 효능을 발휘합니다.

재료(4인분) 건미역 20g, 건표고버섯 5개, 물 2ℓ, 다진 마늘 1/2큰술, 표고버섯 가루 2큰술, 조선간장 2큰술

1 건미역은 10~15분 정도 물에 불린 뒤 먹기 좋은 크기로 자른다.(미역을 오래 불리면 국을 끓였을 때 미역이 퍼지고 영양소가 많이 손실되기 때문에 미역이 물에 풀릴 정도로만 불리는 것이 좋아요)

2 건표고버섯은 흐르는 물에 씻은 뒤 물 2ℓ에 불린 다음 기둥까지 먹기 좋게 자른다.

3 냄비에 기름을 약간 두르고 약간 센 불에서 불린미역과 버섯을 넣고 볶는다. 버섯 우린 물 절반만 넣고 센 불에서 끓이다가 물이 끓으면 보통 불로 낮춰 30분간 더 끓인다.(국을 끓일 때 물을 나눠가며 여러 번 넣으면 국물 맛이 더 진해진답니다)

4 남은 버섯 우린 물을 넣고 센 불에서 10분간 끓인 뒤, 표고버섯 가루, 다진 마늘, 조선간장을 넣고 보통 불로 낮춰 10분 더 끓이면 끝.

토란 연근 죽

음성 성질의 토란은 '땅에서 나는 달걀'로도 불립니다. 식이섬유가 많이 함유되어 있어 변비 증상을 완화시켜주고, 칼륨이 풍부해 나트륨 배출을 도와줍니다. 토란 특유의 떫은맛은 다시마와 함께 요리하면 부드러워집니다. 토란의 음성 성질을 보완해줄 연근은 기침, 감기, 천식, 불면증 등에 좋고, 여드름, 기미, 아토피에도 도움을 줍니다. 특히, 토란 연근 죽은 기력이 쇠했을 때 아주 좋습니다. 숟가락 들 힘마저 없을 정도로 소진되었다고 느껴지는 날, 토란 연근 죽으로 몸과 마음의 힘을 얻어가세요.

재료 건현미 찹쌀 1컵, 물 5컵, 알토란(80g) 5개, 연근(100g) 1/2개, 표고버섯 가루 1작은술, 양파 가루 1작은술, 조선간장 2작은술, 토판염 1/4작은술, 참기름 약간

1 현미 찹쌀은 2~3번 씻은 뒤 3시간 정도 불린다.

2 장갑을 끼고 알토란 껍질을 벗긴 뒤 크키가 큰 것은 1/2등분 한다. 연근은 껍질째 적당한 크기로 자른다.(알토란을 맨손으로 만지면 간지러울 수 있어요)

3 불린 현미 찹쌀, 손질한 알토란, 연근, 분량의 물을 냄비에 넣고 센불에서 끓이다가 끓어오르면 약 불로 낮춰 40분간 더 끓인다. 현미 찹쌀이 다 익으면 도깨비 방망이로 살짝 갈아준다.(너무 곱지 않게, 덩어리가 살짝 남아 있을 정도로)

4 조선간장, 표고버섯 가루, 양파 가루를 넣고 한소끔 더 끓인 뒤 불을 끈다. 먹기 직전 기호에 따라 참기름을 추가한다.

우엉잡채

대표적인 뿌리채소인 우엉은 수확 시기인 가을부터 이듬해 3월까지가 제철입니다. 심혈관 질환 예방에 좋은 우엉은 역시 껍질째 먹어야 영양소를 제대로 섭취할 수 있는데요. 세척할 때는 부드러운 거즈나 타올을 이용해 우엉 결을 따라 문지르며 씻어줍니다. 양성 성질의 양파, 당근, 대파 등과 같이 조리해서 우엉의 음성 성질을 보완했습니다. 수분으로 익혀 담백하고 맛있는 잡채를 즐겨보세요.

재료　우엉 1대(200g), 당근 1/2개(100g), 양파 1개(150g), 대파 1대 (50g), 버섯 한 줌(50g), 제철 푸른 잎 채소 두 줌(100g), 불린 당면 두 줌(200g)

잡채 소스　조선간장 1.5큰술, 비정제 사탕수수 원당 2/3큰술, 표고 다시마 우린 물 4큰술, 참기름 1/2큰술, 통깨 1/2큰술

1 당면은 찬물에 2~3시간 정도 불린다.
2 깨끗하게 씻은 우엉과 당근은 껍질째 0.3cm 두께로 곱게 채 썰고, 양파, 버섯은 0.5cm 두께로, 대파는 어슷하게 썬다. 대파 뿌리는 잘게 다져 소스에 넣는다.
3 제철 푸른 잎 채소도 손질해 놓는다.
4 분량대로 잡채 소스를 만든다.
5 팬에 기름을 살짝 두르고 우엉을 넣고 볶다가 양파, 당근, 불린 당면, 버섯, 물 100cc를 넣고 뚜껑을 덮어 익힌다.
6 당면이 익으면 불을 끄고, 제철 푸른 야채, 대파, 잡채 소스를 넣고 버무려 완성.

녹두 빈대떡

녹두는 항산화 작용을 하는 비타민C가 혈관 속 노폐물을 배출해줍니다. 여드름, 아토피 같은 피부질환에 좋고, 식이섬유가 풍부해 변비 예방에도 효과적입니다. 감기에 걸려 열이 많이 날 때 열을 내려주고, 피로 해소와 이뇨 작용에도 도움이 되며, 칼륨도 풍부하게 포함하고 있습니다. 다만 녹두는 음성 성질이기 때문에 몸속이 차거나 저혈압인 분들이 자주 먹거나 한 번에 많이 먹는 것은 피하는 게 좋습니다. 그래서 마크로비오틱은 녹두와 같이 찬 성질의 재료를 쓸 경우, 호박, 당근, 대파와 같이 따뜻한 성질의 재료와 같이 요리하기를 권합니다.

재료   녹두 1컵, 현미 3큰술, 우엉 15cm 1개, 호박 1/3개, 당근 1/4개 데친 숙주 한 줌, 대파 1/2개, 팽이버섯 1/2봉지, 표고 다시마 우린 물 1컵, 조선간장 1큰술

양파 간장   양파 1/2개, 조선간장 1큰술, 표고 다시마 우린 물 1큰술, 조청 1큰술, 식초 1큰술

1   녹두와 현미는 깨끗하게 씻어 2~3시간 불린 뒤 체에 밭쳐 물기를 빼놓는다.(깐 녹두는 영양소가 많이 손실되므로 까지 않은 녹두를 사용합니다)

2   우엉, 호박, 당근, 데친 숙주, 대파, 팽이버섯은 잘게 썰어서 준비한다.

3   믹서기에 1과 조선간장, 표고 다시마 우린 물을 넣고 곱게 간다.

4   곱게 간 녹두와 채소를 잘 섞고, 달군 프라이팬에 기름을 두르고 노릇하게 지져낸다.

5   엄지손톱만 하게 자른 양파를 분량의 간장 재료와 섞는다.(양념간장은 녹두의 찬 성질을 보완해 줘요)

표고버섯 장아찌

음성 성질의 버섯은 생으로 먹는 것보다 말린 것으로 조리하기를 권합니다. 양성 성질의 생강, 조선간장 등을 이용해 숙성시키는 과정을 거치면 음양의 조화도 이룰 수 있어요.

재료 건표고버섯 두 줌(50g), 물 350cc, 조선간장 50cc, 비정제 사탕수수 원당 2큰술, 생강청 1/4작은술, 홍고추 2개

1 건표고버섯은 깨끗하게 씻어 용기에 담고, 홍고추는 포크나 칼로 구멍을 뚫은 뒤 용기에 넣는다.

2 냄비에 조선간장, 물, 비정제 사탕수수 원당, 생강청을 넣고 팔팔 끓으면 1에 붓는다.

3 완전히 식은 후 뚜껑을 덮어 반나절 내지 하루 정도 바깥에 둔 다음 냉장 보관한다. 2~3일 뒤면 먹을 수 있다.(남은 간장은 맛 간장으로 활용해도 좋아요)

우엉 장아찌

마크로비오틱 요리에서 빠질 수 없는 식재료, 혈관 청소기 기억하시지요?
우엉을 활용한 장아찌입니다.

재료　　　　　우엉 400g

우엉 데치는 물　물 250cc, 토판염 1/4작은술

장아찌 간장 물　조선간장 90cc, 우엉 데친 물 200cc, 비정제 사탕수수 원당
　　　　　　　　70cc, 현미식초 60cc

1　우엉은 부드러운 수세미와 거즈를 이용해 겉면에 묻은 흙만 씻어낸
　　뒤 10~15cm 길이로 자른다.(두꺼운 우엉은 반으로 가릅니다)

2　냄비에 분량의 물과 토판염을 넣고 물이 끓으면 우엉을 넣고 1분간
　　데친 후 식힌다.

3　다른 냄비에 간장 물 재료 중 식초를 제외한 나머지 재료를 넣고 팔
　　팔 끓인 뒤, 현미식초를 넣고 한 번 더 끓인다.

4　완전히 식힌 간장 물을 데친 우엉에 붓고 냉장 보관한다.

5　3일 뒤, 간장만 따로 끓여 완전히 식힌 다음 다시 우엉에 부어주는
　　과정을 두 번 더 반복하면 장기간 보관이 가능하다.

우엉 샌드위치

우엉은 보통 조리거나 튀겨서 먹는데요. 우엉을 얇게 채 썰어 색다르게 즐겨볼까요? 우엉의 식감을 싫어하는 아이들이나 어른들도 즐겨볼 만한 우엉 샌드위치를 소개합니다.

재료(4인분) 우엉 20cm 1개, 당근 1/6개(30g), 두유 마요네즈 4큰술, 유기농 머스터드 1/2작은술

1 우엉과 당근은 껍질째 최대한 얇게 채 썬다.

2 팬에 기름을 두르고 우엉을 볶다가 당근을 넣고 살짝 볶은 뒤, 토판염 2꼬집을 넣고 마무리한다.

3 2가 식으면 두유 마요네즈, 머스터드를 넣고 버무린다.

4 구운 통밀빵에 버무려 놓은 우엉 당근 샐러드(3)를 넣어 마무리.(기호에 따라 상추 또는 양상추를 넣어도 좋아요)

단호박팥조림

음성 성질의 팥과 양성 성질의 단호박은 서로에게 부족한 성질을 잘 보완해주는 재료입니다. 팥에 함유된 사포닌은 암 예방, 노화 방지에 효과적이에요. 팥의 붉은색에 들어 있는 안토시아닌은 간의 해독작용을 도와 디톡스에 좋고, 칼륨은 신장 활동을 강화해 주며, 부종이나 당뇨병에도 효과적입니다. 재료 본연의 맛을 느낄 수 있는 마크로비오틱 단호박팥조림. 만들어 볼까요?

재료 팥 100g, 단호박 500g, 다시마 2×10cm 1장, 토판염 2꼬집

1   단호박은 1.5cm×1.5cm 사각 모양으로 자르고 팥은 깨끗하게 씻어 놓는다.

2   냄비 바닥에 다시마를 깔고 그 위에 씻은 팥을 넣고 팥이 잠길 때까지 물을 부어 5분간 끓인 뒤 물을 전부 버린다. 다시 물 한 컵을 넣고 약 불에서 40~50분간 삶는다.(불린 팥을 사용할 경우 물을 약간 적게 넣으세요)

3   단호박을 올리고 토판염을 뿌린 뒤 15~20분간 더 익힌다.

4   팥과 단호박이 모두 익으면 불을 끄고 5분간 뜸을 들인다.

호박죽

양성 성질의 호박은 각종 비타민과 베타카로틴이 몸속 유해산소를 줄여주고 노화를 억제해 주는 역할을 합니다. 호박씨에 들어 있는 리놀레산은 유방암 예방에 효과적이며 당뇨나 고혈압에도 좋아요. 마크로비오틱 호박죽은 양성의 호박과 음성의 콩으로 음양의 균형을 맞추었습니다.

재료　늙은호박 700g, 단호박 300g, 물 3컵, 현미 찹쌀가루 1컵(100g), 토판염 1.5작은술

찹쌀 새알　현미 찹쌀가루 1.5컵(150g), 따뜻한 물 2.5큰술, 토판염 4꼬집, 비정제 사탕수수 원당 2큰술, 삶은 강낭콩 두 줌(100g)

1　늙은호박은 속을 파내고 껍질을 벗겨 손질한다.

2　단호박은 껍질은 놔두고 속만 파낸다.

3　냄비에 분량의 물과 늙은호박, 단호박을 넣고 삶는다.

4　볼에 현미 찹쌀가루와 뜨거운 물, 토판염을 넣고 익반죽해 새알을 만든다.(생략 가능)

5　3의 호박이 익으면 현미 찹쌀가루, 비정제 사탕수수 원당, 토판염을 넣고 도깨비방망이를 이용해 곱게 간다.

6　5에 만들어 놓은 새알을 넣은 뒤, 새알이 익을 때까지 끓인다.

7　마지막에 삶은 콩을 넣어 완성.(호박 당도에 따라 비정제 사탕수수 원당과 토판염 양을 조절하세요)

느타리버섯 깐풍기

버섯 깐풍기를 만들 때 느타리버섯을 이용하면 표고버섯이나 새송이버섯보다 훨씬 쫄깃한 식감의 깐풍기를 즐길 수 있습니다. 느타리버섯은 대장 내에 콜레스테롤과 지방이 쌓이지 않게 도와줘서 비만, 고혈압 예방에 좋고, 비타민D가 풍부해서 동맥경화, 골다공증 예방에도 탁월합니다. 버섯의 칼륨 성분은 체내에 쌓인 나트륨을 배출해 주는 역할을 합니다. 버섯류는 음성 성질의 재료이기 때문에 대파, 홍고추, 생강, 마늘, 조선간장과 같은 양성 재료와 같이 요리하도록 합니다.

재료 느타리버섯 350g, 다진 청양고추 2큰술, 다진 홍고추 2큰술, 다진 대파 3큰술

튀김 반죽 물 전분 1컵, 통밀 가루 1/2컵, 차가운 물 1컵

깐풍 소스 다진 생강 1/4작은술, 다진 마늘 1작은술, 현미식초 2큰술, 물 2큰술, 조선간장 1.5큰술, 조청 1큰술, 비정제 사탕수수 원당 2큰술

1 작은볼에 분량의 재료를 넣고 깐풍 소스를 만든다.

2 먹기 좋게 손질한 느타리버섯과 전분을 넣고 잘 버무린다.

3 볼에 분량의 재료대로 튀김 반죽 물을 만들고 2를 넣어 반죽을 잘 묻힌다.

4 달궈진 기름에 반죽한 3의 느타리버섯을 노릇하게 튀겨둔다.

5 웍에 기름을 살짝 두르고 청양고추, 홍고추 다진 것을 넣어 매운 냄새가 날 때까지 볶다가 대파를 넣고 볶는다. 거기에 만들어 둔 깐풍 소스를 넣고 바글바글 끓으면 튀겨 놓은 버섯을 넣고 소스가 없어질 때까지 볶는다.

고구마 샐러드

고구마는 따뜻한 양성 성질과 풍부한 식이섬유를 함유한 식재료입니다. 장 운동을 도와 노폐물이 인체에 머무르는 시간을 줄여 주어 변비 예방에 좋고, 콜레스테롤을 몸 밖으로 배출시키는 효능도 있습니다. 칼륨 함유량도 풍부해서 혈압 조절과 나트륨 조절에 탁월하고, E를 비롯한 각종 비타민이 풍부해 노화 방지와 피부미용에도 효과적입니다. 일반 마요네즈 대신 음성 성질의 두유 마요네즈를 사용하면 담백하면서도 칼로리는 낮은 고구마 샐러드를 즐길 수 있습니다.

재료 고구마(큰사이즈) 3개, 토판염 2/3 작은술, 두유 마요네즈 3/4컵, 건포도·아몬드 적당량

1   고구마는 1.5cm×1.5cm 사각 크기로 자른 뒤 냄비에 넣는다. 토판염을 고구마 위에 뿌린 뒤 최소한의 수분을 이용해 10~15분간 삶는다.
2   고구마가 익으면 불을 끄고 잠시 뜸을 들인다.
3   고구마가 식으면 두유 마요네즈, 건포도, 아몬드를 넣고 버무린다.(아몬드와 건포도 대신 호두, 잣, 건대추, 크랜베리, 감말랭이를 사용해도 좋습니다)

연근 수수 튀김

양성 성질의 수수는 '밭의 고기'라 불릴 정도로 단백질과 철분이 풍부합니다. 색도 소고기와 비슷한 붉은색이죠. 수수는 몸속의 유해한 콜레스테롤을 제거해 주고, 피를 맑게 해서 빈혈 예방에 좋습니다. 따뜻한 성질이 위를 보호해 주고 설사를 멈추는 데도 도움이 되지요. 또한, 수수 씨눈은 항암효과도 뛰어나서 여러모로 건강에 좋은 재료입니다. 양성의 수수, 연근과 음성의 통밀 가루 오트밀을 조합한 연근 수수 튀김을 만들어 볼까요?

재료   연근 작은 크기 2개(400g), 수수 1컵, 국산 오트밀 1/2컵, 양파 1/2개, 조선간장 1큰술

반죽 물 통밀 가루 1컵, 물 1컵

1 연근은 깨끗하게 씻어 껍질째 0.7cm 두께로 썬다.

2 양파는 잘게 다진다.

3 수수는 흐르는 물에 2~3번 씻어 냄비에 담고, 물을 2컵 넣은 뒤 30분 정도 불린다. 보통 불에서 물이 끓으면 약 불로 낮추고 오트밀을 넣은 다음 20분간 수수밥을 짓는다.

4 수수밥이 다 되면 식기 전에 양파, 조선간장을 넣고 버무린다.

5 썰어 놓은 연근은 통밀 가루를 가볍게 묻히고, 그 위에 4의 양념한 수수밥을 올린 다음 다시 연근으로 덮는다.

6 분량대로 만든 반죽 물에 연근을 골고루 묻혀 기름에 노릇하게 튀긴다.

통마늘 브로콜리 구이

음성 성질의 브로콜리는 10~12월이 제철입니다. 일반적으로 섭취하는 브로콜리 상단 부분은 음성이지만 브로콜리 대는 양성이에요. 따라서, 브로콜리 이파리와 대(줄기)까지 같이 먹는 것이 음양 균형에 좋습니다. 브로콜리는 식이섬유가 풍부하고 시금치보다 칼슘이 4배 더 많으며, 비타민E가 풍부해 피부미용에도 효과적이고 면역력 증진에도 좋습니다. 브로콜리를 요리할 때 곁들이면 좋은 양성 성질의 마늘은 저혈압 개선 및 고혈압 예방, 항암 및 항균, 살균의 효능도 탁월해요.

재료　　　브로콜리 1송이, 토판염 1/2작은술, 건고추 1개

통마늘 오일　통마늘 20알, 건고추 1개, 청고추 3개, 기름 100g

1　통마늘은 칼의 평면으로 눌러 살짝 으깨고, 건고추는 2cm 길이로 자르고 청고추는 길이대로 칼집을 넣는다.

2　냄비에 1의 재료를 담고, 분량의 기름을 두르고 약간 약한 불에서 으깬 통마늘을 노릇하게 굽는다.

3　브로콜리는 대까지 길이대로 길게 자른다.

4　프라이팬에 기름 없이 브로콜리를 노릇하게 굽는다.

5　구워진 브로콜리에 2의 통마늘, 기름, 분량의 토판염을 넣고 버무려 마무리한다.

아게다시도후

예로부터 두부는 양질의 단백질을 공급해주는 고마운 재료입니다. 대두로 만든 두부는 음성 성질을 가지고 있기 때문에 따뜻하게 데워 먹거나 찌개나 국에 넣어 먹는 것이 좋습니다. 어려서 시골 할머니 댁에 가면 직접 만들어 물에 담궈둔 손두부를 종종 볼 수 있었어요. 찬 두부를 먹으면 배탈이 날 수 있다면서 늘 따뜻하게 데워 주시던 할머니를 떠올리며 두부 요리를 하곤 합니다. 아게다시도후는 튀긴 두부와 조선간장 소스를 곁들여 먹는 일본식 두부 요리입니다. 음성 성질의 두부요리에 양성 성질의 조선간장과 대파를 곁들여 음양의 균형을 맞추었습니다.

재료 단단한 두부 1모, 대파 1대, 전분 적당량

간장 소스 조선간장 1.5큰술, 표고 다시마 우린 물 8큰술(120cc), 조청 2큰술, 생강청 1/4작은술

1 대파는 2cm 길이로 자르고, 길이대로 곱게 채 썬 다음 물에 헹궈 체에 밭쳐 둔다.

2 두부는 체에 밭쳐 물기를 자연스럽게 빼고 두부 1모당 9등분해서 준비한다.

3 2의 두부에 전분을 골고루 묻힌다.(두부에는 따로 간을 하지 않아요)

4 프라이팬에 기름을 자작하게 넣은 뒤 달궈지면 튀기듯 노릇하게 두부를 구워낸다.

5 소스 만들기-분량의 재료를 전부 넣고 살짝 끓인다.(1의 손질하고 남은 대파 뿌리를 잘게 다져 같이 넣고 끓여주세요)

6 그릇 바닥에 따뜻한 간장 소스를 자작하게 잠길 정도로 부어주고 구운 두부 위에 대파 채를 올려 완성.

새송이텐더

새송이텐더는 시중 음식점에서 판매하는 치킨 텐더를 마크로비오틱 스타일로 변형한 버섯 프라이입니다. 음성 성질의 새송이버섯은 고기와 비슷한 식감이라 고기 대신 이용하기 좋습니다. 양성 성질의 마늘, 강황 가루와 함께 사용해 음양의 균형을 맞추었습니다.

재료   새송이 1봉지(300g)

반죽 물   레드 파프리카 1/4개, 양파 1/4개, 다진 마늘 1작은술, 표고 다시마 우린 물 1/2컵, 전분 1/2컵, 토판염 2/3작은술, 후추 약간, 커리 파우더 1작은술(다른 첨가물 없는 순수 향신료)

덧 가루   통밀 가루 1컵, 전분 2큰술

1   새송이버섯은 4등분으로 자른 후 요리하기 하루 전에 냉동고에 얼려두었다가 요리 직전 꺼내서 10~15분간 해동한다.(얼린 버섯으로 조리하면 식감이 더욱 쫄깃해요)

2   반죽 물 만들기- 반죽 물 재료 중 레드 파프리카, 양파, 다진 마늘, 표고 다시마 우린 물을 믹서기에 갈고 볼에 담은 뒤, 전분, 커리파우더, 토판염, 후추를 넣어 반죽 물을 완성한다.

3   새송이버섯을 반죽 물에 넣고 5분간 재운다.

4   볼에 덧 가루 재료를 넣고 잘 섞는다.

5   반죽 물에 재운 새송이버섯을 4에 넣어 가루를 묻힌다.

6   180°C로 예열한 기름에 노릇하게 튀겨낸다.

7   수제 스위트 칠리 소스를 곁들이면 더 맛있게 먹을 수 있다.

연근미트볼

다시 연근입니다. 따뜻한 양성 성질을 가진 마크로비오틱 대표 뿌리채소 연근은 지혈작용, 피로 해소, 기침, 천식에 좋으며, 갈증을 멎게 하고 오장을 보호해 줍니다. 연근을 자르면 나오는 실 같이 끈끈한 물질을 뮤신이라고 하는데, 그 성분이 단백질 소화를 촉진해줍니다. 양성 성질의 연근에 음성 성질의 토마토 소스를 곁들여 음양의 조화를 이루었습니다. 무엇보다 연근미트볼은 연근의 식감을 싫어하는 분들에게 적극 권하고픈 메뉴입니다. 연근을 강판에 갈아서 미트볼처럼 만들면 연근에 들어있는 전분성분이 미트볼과 비슷한 식감을 내거든요. 뿌리채소를 싫어하는 분들도 즐기기 좋은 연근미트볼, 같이 만들어 볼까요?

재료 연근 1개(중간 크기 400g), 다진 양파 1/2개, 오트밀 4큰술, 조선간장 1/2큰술

소스 완숙 토마토 3개, 조선간장 2큰술, 현미식초 2큰술, 조청 3큰술, 생강청 1/4작은술, 전분 1큰술, 양파 1/2개, 당근 1/5개

1 깨끗하게 씻은 연근을 껍질째 강판에 간 다음 다진 양파, 오트밀, 조선간장을 넣고 잘 섞는다. (오트밀이 연근의 수분을 흡수할 때까지 기다립니다)

2 양파, 당근, 토마토는 잘게 다진다.

3 냄비에 기름을 두르고 양파와 당근을 넣고 볶다가 토마토를 넣고 토마토 수분이 다 날아갈 때까지 졸인다.

4 졸여진 소스에 조선간장, 조청, 생강청, 현미식초를 넣고 한 번 더 끓인 뒤 전분 물을 넣어 농도를 조절한다.(전분 물=전분 1큰술+물 2큰술)

5 반죽에 찰기가 생기면 동그랗게 빚어 기름에 노릇하게 튀긴다.

6 접시에 소스를 담고 그 위에 튀긴 연근볼을 올리면 완성.

고추 잡채

피망을 이용해 만든 고추 잡채는 조리과정이 어렵고 번거로울 것 같지만 가정에서도 손쉽게 만들 수 있는 요리입니다. 맛은 살리되 조미료가 과도하게 들어가는 일반 중식의 단점을 보완한 마크로비오틱 고추잡채는 굴 소스 대신 조선간장과 고추기름으로 맛을 내는 것이 핵심입니다. 주재료인 피망, 버섯류, 숙주 등은 음성 성질이 강하기 때문에 양성인 대파 부추 마늘 생강 등을 넣어 조리합니다. 우리 밀 꽃빵과 곁들여 건강하고 맛있는 고추 잡채를 즐겨보세요.

재료	고추기름 6큰술, 표고버섯 5개, 양파 1개, 피망 1개, 팽이버섯 50g, 대파 50g, 부추 50g, 숙주 150g, 다진 마늘 1큰술, 생강청 1/4작은술
고추기름	고춧가루 2큰술, 기름 8큰술
고추 잡채 소스	조선간장 1.5큰술, 비정제 사탕수수 2작은술, 참기름 1작은술

1 양파, 피망, 대파, 표고버섯은 채 썰고, 표고버섯 기둥은 손으로 찢고, 대파 뿌리는 잘게 다져 소스에 넣는다.

2 고추기름 만들기-냄비에 기름과 고춧가루를 넣고 끓기 시작하면 불을 바로 끄고 그대로 식힌 뒤 체에 거른다.

3 분량의 소스를 전부 넣어 고추 잡채 소스를 만들어 둔다.

4 달군팬에 고추기름을 넣고 다진 마늘, 다진 생강을 넣고 볶다가, 양파, 대파, 표고, 피망 순으로 넣어 볶는다. 재료가 익으면 고추 잡채 소스를 넣은 뒤 재빨리 볶는다.

5 4에 팽이, 숙주, 부추를 넣고 불을 끈다.(잔열로 익혀도 충분)

현미 잣죽

따뜻한 양의 기운을 가진 잣은 나이가 들수록 심해지는 관절통, 어지럼증에 효과적이며, 특히, 피부를 윤택하게 해주고, 요통과 팔다리 신경통 완화에도 도움을 줍니다. 식은땀을 멎게 할 뿐만 아니라 신경쇠약으로 인한 불면증, 정력 보강에도 좋은 식재료이며, 오래 섭취하면 몸을 가볍게 해주고 오장을 보호해줍니다. 기운이 없을 때 좋은 가을 보양식 현미잣죽, 같이 만들어 볼까요?

재료 현미 1컵, 잣 두 줌(100g), 물 6컵, 조선간장 2작은술, 토판염 1/4작은술

1 영양소가 빠져나가지 않게 설렁설렁 씻은 현미는 4시간 이상 불린다.
2 믹서기에 분량의 물 3컵과 잣을 넣고 곱게 간 뒤 불린 현미를 넣고 두세 번 더 갈아준다.
3 냄비에 2와 물 1컵을 넣고 센 불에서 끓이다가 죽이 끓으면 약 불로 줄이고, 중간중간 분량의 남은 물을 넣으며 익힌다.
4 조선간장과 토판염을 넣고 간을 맞춰 마무리.

도토리묵 무침

양성 성질의 도토리는 맛은 쓰고 떫지만, 독이 없어 설사를 낫게 하고 장과 위를 튼튼하게 합니다. 또한, 몸 안에 쌓이는 중금속을 제거하는 효능이 있어, 요즘같이 미세먼지를 포함한 위해 요소에 노출된 환경을 고려할 때 더욱 주목할 만한 식재료입니다. 수분이 많은 도토리묵은 도토리 열매보다 음성 성질이 더 강합니다.

재료　도토리묵 1모, 숙주 한 줌(100g), 당근 1/10개(15g), 버섯 한 줌(50g), 상추 약간

양념장　조선간장 2큰술, 물 2큰술, 조청 1큰술, 표고버섯 가루 1작은술, 다진 마늘 1/2큰술, 통깨 약간

1　숙주는 살짝 데친 후 식혀둔다.

2　분량대로 양념장을 만든다.

3　당근은 얇게 채 썰고, 버섯은 먹기 좋게 찢고, 상추는 채 썬다.

4　프라이팬에 기름을 살짝 두르고 당근, 버섯 순으로 볶는다.

5　도토리묵은 먹기 좋은 크기로 자른다.

6　볼에 도토리묵, 숙주, 당근, 버섯과 분량의 양념장을 넣고 무친 뒤 상추를 올리면 끝.

재료   연근 1/2개(170g), 두부 1/4모(100g), 대두콩 반 컵(50g), 강
낭콩 반 컵(50g), 빵가루 1컵(100g), 조선간장 1작은술, 토판
염 2꼬집

스테이크 소스   양파 1개(200g), 사과 반 개(150g), 조선간장 2큰술, 생강청
1/2작은술, 발사믹 글레이즈 3큰술, 양송이 약간

콩스테이크

마크로비오틱 요리와 일반 채식 요리의 차이는 콩고기, 콩 햄, 밀 불고기 같은 가공식품 사용을 제한하고, 자연재료 위주로 요리한다는 점입니다. 차가운 음성 성질의 콩은 단백질과 지방이 풍부하며 해독능력이 뛰어나 간과 신장 기능 강화에 도움을 줍니다. 또한, 여성 호르몬 에스트로겐 역할을 하는 이소플라본이 다량 함유되어 있어 갱년기 여성 건강에도 좋습니다.

1 양파는 슬라이스하고, 양파 밑동은 따로 다져둔다.

2 양송이도 얇게 슬라이스 해둔다.

3 사과는 껍질째 강판에 간다.

4 팬에 기름을 두르고 양파가 노릇해질 때까지 볶다가 갈아둔 사과와 발사믹글레이즈를 넣고 졸인다.

5 소스가 다 졸여지면 조선간장, 생강청을 넣고 마무리.

6 대두와 강낭콩은 물에 넣고 3시간 정도 불린다.

7 불린 콩에 물을 자작하게 부어 처음에는 센 불에서 끓이다가 끓으면 약간 약한 불로 낮춰 푹 익혀 믹서기에 넣고 곱게 간다.

8 연근은 깨끗하게 씻어 껍질째 강판에 갈고, 기름을 두른 팬에 투명해질 때까지 볶는다.

9 볶은 연근, 갈아둔 콩, 물기 뺀 두부, 빵가루, 조선간장, 토판염을 볼에 넣고 반죽을 잘 치댄다.

10 반죽을 먹기 좋은 크기로 빚은 뒤 프라이팬에 기름을 두르고 노릇하게 굽는다.

11 프라이팬에 슬라이스한 양송이를 넣고 볶다가 만들어 둔 소스를 넣고 한 번 더 졸인다.

12 노릇하게 구운 콩스테이크 위에 소스를 뿌려 완성.

현미 바

마크로비오틱을 실천하는 가장 큰 목적은 음성과 양성에 치우치지 않는 중용의 몸을 유지하는 것인데, 현미가 바로 중용에 가까운 식재료입니다. 현미를 처음 접하거나 싫어하는 분들의 대부분이 현미의 거친 식감에 거부감을 갖고 계시지요. 영양가는 그대로 유지하면서도 쉽고 가볍게 먹기 좋은 현미바로 현미의 매력을 발견하는 기회가 되었으면 해요.

재료 현미 튀밥 100g, 조청 6큰술, 비정제 사탕수수 원당 1/2큰술, 토판염 1꼬집

1 팬에 기름을 살짝 두르고 분량의 조청, 원당, 토판염을 넣고 팔팔 끓인다.

2 조청이 끓으면 현미 튀밥을 넣고 잘 섞어준다.

3 그릇에 종이 호일을 깔고 그 위에 2를 붓고 평평하게 편 뒤 냉장고에 넣어 굳힌다.

4 굳힌 현미 바는 먹기 좋은 크기로 잘라 냉장 보관한다.(현미 튀밥 양을 줄이고, 오트밀, 견과를 넣어 오트밀바를 만들어도 좋아요)

겨울,

오행(五行) 중 수(水)의 에너지는 하루 중 밤, 계절 상 겨울에 해당하며, 움직임이 거의 없는 부유의 에너지를 가진 계절입니다. 말린 채소나 뿌리채소의 섭취를 늘리고 다른 계절보다 약간 높은 염도로, 음식 조리 시간을 늘려 섭취하는 것도 좋습니다. 겨울 제철 식재료나 말린 채소들은 신장과 방광을 이롭게 합니다.

유자 무생채

음성 성질의 유자는 레몬보다 비타민C 함량이 3배 이상 높아 피로 해소에 매우 탁월합니다. 음식의 소화를 돕고 속을 편하게 해줌과 동시에 몸속 나쁜 기운을 흩어지게 해줍니다. 혈액 순환에 좋고 모세혈관을 튼튼하게 해주어 감기와 기침에도 좋습니다. 양성 성질의 무와 함께 요리해 음양의 균형을 맞추었습니다.

재료 무 1/2개(500g), 토판염 1.5작은술, 유자청 3큰술, 현미식초 2큰술, 다진 쪽파 3큰술, 다진 청양고추 1/2작은술(생략 가능)

1 무는 껍질째 곱게 채 썰고 분량의 토판염을 넣어 절인다.

2 유자청은 잘게 다져 준비한다.

3 1의 절인 무에 유자청과 현미식초를 넣고 버무린 뒤 다진 쪽파와 청양고추를 넣어 마무리.(기호에 따라 청양고추는 생략해도 좋아요)

무 스테이크와 폰즈 소스

양성 성질의 무는 '천연 소화제'라 불릴 정도로 소화작용이 뛰어나 활동량이 적은 겨울철에 무척 좋은 식재료 입니다. 겨울에는 아무래도 다른 계절에 비해 움직임이 적다 보니 속이 더부룩할 때가 잦은데요. 이럴 때 겨울 제철인 무가 큰 도움이 됩니다.

재료 무 1/2개, 다시마 우린 물 2/3컵

폰즈 소스 조선간장 1큰술, 다시마 우린 물 1컵, 비정제 사탕수수 원당 2/3큰술, 현미식초 2/3작은술

1 무를 2cm 두께로 도톰하게 자른다.

2 무를 냄비 바닥에 깔고, 다시마 우린 물을 넣은 뒤 약 불로 무를 완전히 익힌다.

3 다른 냄비에 분량의 폰즈 소스 재료를 모두 넣고 센 불에서 끓이다가 약간 약한 불로 5분간 끓여 소스를 완성한다.

4 프라이팬에 기름을 두르고 익은 무를 넣어 앞뒤로 노릇하게 구운 후 접시에 담아 폰즈 소스를 뿌려 낸다.

부드러운 두부찜

달걀찜과 비슷한 식감을 가진 두부찜은 두부의 장점을 한껏 자랑할 수 있는 요리입니다. 마크로비오틱에서 유제품 섭취는 한 달에 한 번 정도가 적당하다고 봅니다. 달걀 대신 단백질 함량이 높은 두부를 자주 활용하는 이유이기도 합니다. 두부는 음성 성질의 재료이기 때문에 양파, 대파, 당근과 같은 양성 성질의 채소들과 같이 요리합니다.

재료 순두부 1팩(400g), 당근 1/6개(40g), 대파 1/2개, 표고 다시마 우린 물 200cc, 조선간장 1큰술, 한천 가루 1/2작은술, 강황 가루 1꼬집

1 불린 표고버섯은 잘게 다진다.(표고버섯 기둥은 결대로 찢어둡니다)

2 당근도 껍질째 그대로 잘게 다지고, 대파 역시 뿌리까지 모두 잘게 다져 놓는다.

3 믹서기에 순두부, 조선간장, 한천 가루, 강황 가루, 표고 다시마 우린 물을 분량대로 넣고 곱게 간다.

4 찜용기에 3을 담고 다져둔 당근, 대파, 표고버섯을 넣고 스팀기에 15~20분간 찐다.(젓가락으로 찔러 묻어나지 않으면 완성)

쌈무

천연 소화제 무를 쌈무로 만들어 기름진 음식을 먹을 때 활용해 봅니다. 시중에 판매하는 쌈무와 일명 치킨 무에는 우리 몸에 좋지 않은 사카린, 빙초산, 화학 첨가물 등이 포함돼 있어요. 음성 성질의 식초를 이용해 음양의 조화를 이룬 쌈무. 만드는 법도 간단하니 꼭 시도해 보세요. 다 먹고 남은 절임 물은 버리지 말고 양념장 만들 때 이용하거나 김치말이 국수 육수 대신 사용해도 좋답니다.

재료 무 중간 크기 1개, 비정제 사탕수수 원당 130cc, 현미식초 120cc, 물 400cc, 토판염 1큰술, 청양고추 1개

1 무는 깨끗하게 씻어 껍질째 세로로 2등분 한다.(무 사이즈가 크지 않으면 반으로 가르지 않고 그대로 사용해도 좋아요)

2 2등분한 무는 0.2cm 두께로 썬다.(채칼을 이용해도 좋아요)

3 청양고추는 포크로 찔러 구멍을 내고,

4 냄비에 비정제 사탕수수 원당, 물, 토판염을 넣고 팔팔 끓으면 현미식초를 넣어 한소끔 더 끓인 뒤 불을 끈다.

5 보관용기에 썰어 놓은 무, 청양고추를 넣고 4의 끓인 물을 뜨거울 때 바로 붓는다. 식으면 냉장고에 보관한다. 5일 후부터 먹을 수 있으며 두 달 정도 냉장 보관할 수 있다.

※쌈무와 먹기 좋은 버섯볶음
느타리버섯을 먹기 좋은 크기로 손질한 뒤 달군 프라이팬에 기름을 넣지 않고 볶다가 버섯에 노릇한 색이 배면서 물기가 생기면 데리야키 소스를 넣고 센 불에서 볶아낸다.

우리나라 김치의 특징은 김치에 고춧가루를 섞는 것입니다. 고추에는 비타민C가 다량 함유되어 있는데 무려 사과의 50배, 밀감의 2배에 이릅니다. 고추의 캡사이신 성분과 비타민E 성분이 비타민C의 산화를 막아주기 때문에 김치로 담가 먹어도 비타민을 그대로 섭취할 수 있습니다. 신선한 채소를 구하기 힘든 겨울철에 김치 같은 저장 식품을 만들어 영양을 보충해온 우리 선조들의 지혜가 대단하게 느껴집니다.

채식 배추김치

배추 절임 통배추 3kg 사이즈 2개, 토판염 400g, 물 2리터

풀국 물 1/2컵, 현미 찹쌀가루 1큰술, 날콩가루 1큰술, 고구마 말린 가루
1큰술(고구마 가루가 없으면 날콩가루 분량만큼 추가)

양념 양파1/2개(100g), 사과 1/2개(125g), 배 1/3개(200g), 다진 생강
또는 생강청 1작은술, 다진 마늘 3큰술, 통깨 1.5큰술, 고춧가루 2
컵(150g), 조선간장 2큰술, 토판염 2큰술, 갓 약간, 무채 약간, 실파
약간

1   배추는 반으로 가른 뒤 심 부분에 칼집을 한 번 더 넣어 준다.

2   반으로 가른 배추를 세우고 줄기 사이에 소금을 뿌린다.(되도록 줄
기 쪽에 뿌려요)

3   배추의 심 부분이 밑으로 가도록 세운 뒤 분량의 물을 넣어 줄기 부
분이 절여지면 배추를 눕혀 마저 절인다.(총 12~16시간 절입니다)

4   냄비에 풀국재료를 전부 다 넣고 분량의 가루를 잘 섞은 뒤 휘퍼기
로 저어가며 약 불에 끓여 식힌다.

5   절인 배추는 흐르는 물에 한 번 씻은 뒤 물기를 뺀다.

6   양념 만들기-양파, 사과, 배는 믹서기에 갈아 큰 볼에 담고, 끓여 놓
은 풀국, 고춧가루, 다진 생강, 다진 마늘, 조선간장, 통깨, 토판염
등 남은 재료를 전부 넣어 김치 양념을 만든다.(양념은 최소 1시간
숙성시킨 뒤 사용해요)

7   양념 버무리기-김치 양념을 치댈 때는 줄기 부분에 양념을 묻히고,
잎 부분은 양념을 되도록 적게 묻힌다.(익으면서 잎 쪽으로 양념이
서서히 묻게 돼요)

8   치댄 김치를 통에 차곡차곡 담아 (김치)냉장고에서 숙성시킨다.

백김치

배추 절임 통배추 3kg 사이즈 1개, 천일염 150g, 물 1ℓ

국물 물 2ℓ, 현미 찹쌀가루 4큰술, 배 2개(900g), 사과 2개(500g), 양파 2개(200g), 다진 마늘 2큰술, 다진 생강 또는 생강청 2작은술, 토판염 2큰술

1 배추는 2등분 한 뒤 심 부분에 칼집을 낸다. 줄기 사이사이에 토판염을 뿌려 절인다.

2 대략 12~16시간 시간 정도 절인 뒤, 배추를 헹구고 물기를 빼준다.

3 물 2ℓ에 분량의 찹쌀가루를 넣고 약 불에서 끓인 뒤 식힌다.

4 믹서기에 양파, 사과, 배를 넣고 곱게 갈아 면 보자기로 거른다.

5 4의 즙에 3의 찹쌀 물과 다진 마늘, 생강청, 토판염을 넣어 국물을 만든다.

6 김치통에 절임 배추와 5의 백김치 국물을 넣고 상온에서 하루 숙성시킨 후 냉장고에 넣어 익힌다.

총각김치

무 절임 알타리 무 2kg, 무 절임용 토판염 35g, 줄기 절임용 토판염 15g

풀국 물 1/4컵, 현미 찹쌀가루 1/2큰술, 날콩가루 1/2큰술, 고구마 말린 가루 1/2큰술

양념 양파 1/4개(50g), 사과 1/2개(125g), 배 1/4개(200g), 다진 마늘 1.5큰술, 생강청 1/2작은술, 고춧가루 1컵(75g), 토판염 1/2큰술, 조선간장 1큰술, 통깨 1큰술

1 알타리 무는 깨끗하게 씻은 뒤 무 사이즈에 따라 2~4등분한 후 분량의 소금을 넣어 3시간 절인다.(크기가 작은 무는 자르지 말고 그대로 절여주세요)
2 줄기는 4~5cm 길이로 자른 뒤 분량의 소금을 넣고 역시 3시간 절인다.
3 절인 무는 물에 한 번 헹구고, 줄기는 2번 헹군다.
4 풀국-냄비에 물, 현미 찹쌀가루, 날콩가루, 말린 고구마 가루를 넣고 약 불에서 끓인 뒤 식힌다.
5 배, 사과, 양파는 강판에 갈아 볼에 담고 식힌 풀과 나머지 김치 양념 재료를 전부 넣어 김치 양념을 만든다.
6 3의 절인 무와 줄기에 김치 양념을 넣어 치댄 뒤 상온에서 하루 숙성시킨 다음 냉장고에 넣어 익힌다.

두부 버섯 두루치기

음성 성질의 버섯류는 말린 것을 사용하거나 또는 양성 성질의 재료와 함께 조리하는 것이 좋습니다. 두부 버섯 두루치기는 버섯에 부족한 단백질을 두부로 보충하고 양성 성질의 양파, 대파, 고춧가루, 마늘 등의 재료와 함께 사용해 음양의 균형을 이룬 요리입니다.

재료 단단한 두부 1/2모, 버섯 100g(버섯 종류 관계없음), 양파 1/2개, 대파 1/2개, 홍고추 1개, 참기름 약간

양념장 고춧가루 2큰술, 고추장 1/2큰술, 조선간장 1큰술, 조청 1/2큰술, 다진 마늘 1큰술, 표고 다시마 우린 물 2큰술

1 분량대로 양념장을 먼저 만들어 둔다.
2 버섯은 먹기 좋은 크기로 손질하고, 양파는 0.3cm 두께로 썰고, 홍고추와 대파는 어슷하게 썰어 준비하고 두부는 손가락 굵기로 썰어 둔다.
3 프라이팬에 기름을 두르고 두부를 노릇하게 굽다가 양파, 버섯을 넣고 볶는다.
4 3에 양념장을 넣고 구운 두부가 깨지지 않게 볶다가 대파, 홍고추를 넣는다.
5 불을 끄고 참기름으로 마무리.

구운 더덕 샐러드와
흑임자 두유 마요네즈

음성 성질의 더덕은 맛은 쓰지만 독이 없습니다. 몸에 열이 많은 분이 섭취하면 인삼을 섭취한 것과 같은 효과가 있습니다. 양성 성질의 재료와 함께 조리하거나 양성의 조리 방법(가열 또는 숙성)을 이용하는 것이 좋아요.

흑임자 두유 마요네즈	두유 마요네즈 5큰술, 볶은 흑임자 1큰술
더덕구이	손질한 더덕 150g, 제철 샐러드 채소 약간

1 곱게 간 검정깨를 두유 마요네즈에 넣어 흑임자 두유 마요네즈 소스를 만든다.
2 더덕은 4~5cm 길이대로 자르고 얇게 썬 뒤, 칼등으로 콕콕 눌러 부드럽게 만든다.
3 기름을 두르지 않은 프라이팬에 약간 약한 불로 더덕을 노릇하게 구운 뒤 토판염 2꼬집을 뿌리고 불을 끈다.
4 샐러드도 먹기 좋게 손질해 준비해 둔다.
5 그릇에 제철 샐러드, 구운더덕, 흑임자 두유 마요네즈를 담아낸다.

우엉무조림

무는 기(氣)를 내리고 담을 식혀주는 효능이 있어 기침이 심하거나 가래가 많을 때도 좋습니다. 따뜻한 성질의 무와 음성 성질의 우엉을 함께 조리해 균형을 맞추었습니다.

재료   무(중간 크기) 1/2개, 표고 다시마 우린 물 2컵, 우엉 1대

양념장 고춧가루 1.5큰술, 조선간장 1큰술, 표고 다시마 우린 물 1큰술, 토판염 2꼬집

1 무는 옆으로 반으로 잘라 1cm 두께로 썬다. 우엉도 얇게 채 썬다.(무, 우엉 모두 껍질째 사용해요)

2 냄비에 무를 깔고 표고 다시마 우린 물을 넣어 보통 불에서 끓인다. 끓어오르면 약 불에서 15분 더 익힌다.

3 양념장을 만들어 둔다.

4 2의 무 위에 토판염 2꼬집을 살짝 부리고 채 썬 우엉을 올린 다음 우엉이 완전히 익을 때까지 25~30분간 익힌다.

5 미리 만들어 둔 양념장을 4의 무와 우엉 위에 뿌리고 5분간 더 조린다.

국물 표고 다시마 우린 물 3ℓ, 무1/2개, 대두1/2컵, 대파1개(뿌리까지),청양고추 3개

양념 고춧가루 3큰술, 된장 1/2큰술, 다진 마늘 1큰술, 조선간장1큰술, 토판염 약간

건더기 데친 숙주 150g(1/2봉지), 건표고버섯 5개, 유부 5장, 삶은 토란 한줌, 대파 1개

164

두개장

콩, 무, 말린 토란대, 건표고버섯, 대파 등을 넣고 푹 끓인 육개장 스타일의
국입니다. 두개장의 두자는 콩, 대두를 말하는데요. 음성 성질의 대두(노란
콩, 메주콩)는 흔한 재료이지만 우리 몸에 굉장히 이롭습니다. 항암, 심장
병 예방, 면역력 강화에 효과적이며 특히, 대두 단백질은 체내 지방을 감소
시켜주어 다이어트에 이로울 뿐만 아니라 칼슘 흡수를 도와 골다공증 예방
에도 좋습니다. 대두의 레시틴 성분은 뇌세포 활성화를 도와주어 치매 예
방에 도움이 되고, 칼슘 역시 풍부하게 함유되어 있습니다.

1   육수용 재료 손질하기-무는 1cm 두께로 썰고, 대파는 뿌리까지 깨
    끗히 씻어 1/2등분한다. 청양고추는 반으로 자른다. 국물용 재료
    전부를 냄비에 넣고 끓이다가, 끓으면 약 불로 줄여 1시간~1시간
    반 정도 더 끓인다.

2   건더기 손질-데친 숙주와 삶은 토란은 4cm 길이로 자른다. 불린
    표고버섯의 표고는 0.3cm 두께로 썰고, 표고버섯 기둥은 손으로
    찢어 둔다. 대파, 유부는 0.5cm 두께로 어슷하게 썰어 준비한다.

3   유부를 제외한 2에 양념 재료를 전부 다 넣고 무친다.

4   1의 국물이 완성되면 건더기는 건져내고 3의 무친 양념 건더기를
    넣고 끓인다. 끓으면 약 불로 줄여 다시 30~40분간 끓인다.

5   유부를 넣어 간을 보고 필요에 따라 토판염을 넣는다.

순두부찌개

두부 중 음성 성질이 가장 강한 것이 바로 순두부입니다. 수분 함량이 많고 부드러운 성질 때문인데요. 순두부의 음성 성질을 보완해주는 양성 성질의 채소를 넣고 끓인 순두부찌개입니다. 양성 성질의 채소, 양파, 대파, 호박, 마늘. 이제 다들 외우고 계시죠?

재료 채소 국물 1ℓ, 양파 1개, 표고버섯 3개, 호박 1/3개, 다진 마늘 1큰술, 고춧가루 2큰술, 기름 2큰술, 대파 1개 ,청양고추 1개(기호에 따라), 순두부 1봉지, 조선간장 1큰술, 토판염 1/2작은술

1   채소 손질-호박은 0.5cm 두께로 썰어 4등분, 표고버섯도 4등분 한다.

2   표고버섯 기둥은 길이대로 찢고, 양파는 2cm×2cm 크기로 썰고, 청양고추는 곱게 다지고, 대파는 총총 썰어둔다.

3   냄비에 기름 2큰술을 넣고 고춧가루, 다진 마늘을 약 불에서 타지 않게 볶는다.

4   손질한 양파, 호박, 표고버섯, 청양고추를 넣어 볶다가 조선간장 추가.

5   4에 채소 국물을 넣고 센 불에서 끓이다가 국물이 끓으면 순두부를 넣고 보통 불로 줄여 7~10분 더 끓인다.

6   마지막에 간을 보고 토판염과 대파를 넣어 마무리.

감귤 푸딩

과일과 원당을 넣어 만드는 푸딩은 음성 성질의 디저트입니다. 과일의 대부분은 음성 성질인데 사과는 양성 성질이라 푸딩 베이스로 이용하기 좋습니다. 과량의 설탕과 합성 첨가물 덩어리인 시중 푸딩 대신 건강하고 맛있는 푸딩을 만들어 즐겨보세요. 딸기, 산딸기, 블루베리, 포도 등 다양한 제철 과일을 활용하면 좋겠지요?

재료 사과즙 200cc, 물 200cc, 한천 가루 1/2 작은술, 비정제 사탕수수 원당 1큰술, 토판염 1꼬집, 귤 8조각

1 유리용기에 과일을 2조각씩 넣는다.

2 냄비에 사과즙, 물, 한천 가루, 비정제 사탕수수 원당, 토판염을 넣고 끓인다.

3 2의 사과즙을 1에 바로 붓는다.

4 2~3시간 정도 냉장고에서 굳힌다.

매생이전과 팽이버섯전

마크로비오틱 매일 식단표는 전체 식사량의 2% 정도를 해조류로 섭취하기를 권합니다. 복합 탄수화물, 식이섬유, 비타민뿐만 아니라 특히 미네랄이 풍부하게 포함되어 있기 때문인데요. 그중 매생이는 철분과 칼슘이 풍부해 골다공증과 빈혈 예방에 좋고, 칼슘은 우유의 5배, 철분은 우유의 40배나 더 많이 함유하고 있습니다. 또한 활성산소를 제거해주는 비타민E가 풍부해 피부 노화 방지에 효과적이며, 무처럼 천연 소화제로 불릴 정도로 소화 흡수 능력이 뛰어납니다. 치자 물을 이용해 전을 부치면 달걀 물에 입힌 것과 같은 효과를 낼 수 있어요.

매생이전 매생이 한 줌(100g), 통밀 가루 5큰술, 물 7큰술, 토판염 2꼬집

팽이버섯전 팽이버섯 1봉지(200g), 통밀 가루 5큰술, 물 5큰술, 치자 물 2큰술, 토판염 3꼬집

1 치자 물 만들기-치자열매 1개를 손으로 부순 뒤 물 1컵을 넣어 1시간 둔다.

2 매생이는 깨끗하게 씻은 뒤 물기를 제거한 후 2~3등분 한다. 팽이버섯은 1cm 크기로 썬다.

3 분량의 통밀 가루, 물, 치자 물, 토판염을 섞어 반죽을 완성한다.

4 프라이팬에 기름을 두르고 한입 사이즈로 노릇하게 구워 완성.(기호에 따라 초간장을 곁들여 드세요)

톳밥

톳과 같은 해조류는 마크로비오틱 식단에서 빠질 수 없는 중요한 식재료입니다. 유제품 등을 제한하는 마크로비오틱 식단에서 해조류가 그 역할을 해주기 때문입니다. 톳에는 칼슘, 칼륨, 아연과 같은 미네랄이 다량 함유되어 있으며, 특히, 칼슘은 우유의 15배, 철분은 무려 우유의 550배, 장어의 20배나 많은 아연이 포함된 식재료입니다. 이토록 몸에 좋은 톳향이 살아있는 밥상을 여러분께 선물하고 싶습니다.

재료 불리지 않은 현미 쌀 1컵, 물 380cc, 염장 톳 50g

1 염장 톳은 깨끗하게 씻어 물에 2시간 담가 짠 기를 뺀다.(2시간 후 맛을 보세요. 짠 기가 살짝 느껴지는 정도가 좋습니다)
2 씻은 현미 쌀은 냄비에 담고, 분량의 물을 넣은 뒤 맨 위에 톳을 올린다.
3 처음에는 센 불에서 밥을 짓다가 밥물이 끓으면 가장 약한 불로 낮춰 30분간 익힌다.
4 불을 끄고 5분간 뜸을 들인다.

냉면

일반적으로 냉면을 여름 음식으로 여기는 분들이 많지만 사실 냉면은 겨울이 제철입니다. 가을에 수확한 햇메밀을 먹을 수 있는 계절이기 때문입니다. 겨울에는 신체의 움직임이 적고 양성 성질의 음식을 많이 먹기 때문에 에너지가 계속 축적되는데요. 발산하지 못하고 모이기만 하면 에너지 순환이 되지 않아 오히려 몸이 차갑게 느껴질 수 있기 때문에 적절한 음성 성질의 요리로 에너지를 순환 시켜 주는 것이 중요합니다. 겨울철 별미 냉면, 만들어 볼까요?

재료 양파 1.5개, 청양고추 3개, 배 1/4개, 사과 1/4개, 고추장 120g, 고춧가루 120g, 유기농 토마토 페이스트 170g, 조청 80g, 비정제 사탕수수 원당 4큰술, 현미식초 4큰술, 겨자 1.5큰술, 토판염 1.5큰술, 참기름 2큰술, 다진 생강 1작은술, 무 300g, 후추 약간

1. 양파, 배, 사과, 청양고추를 믹서기에 곱게 간다.

2. 무는 최대한 얇게 슬라이스한 뒤 3등분 한다.

3. 볼에 1과 2를 넣고 분량의 나머지 양념장 재료를 전부 넣어 양념장을 만든 뒤 일주일간 숙성시킨다.

4. 면을 삶아 양념장을 올리고, 쌈무, 구운 치자두부, 참깨, 참기름을 넣어 마무리한다.(치자두부는 단단한 두부를 치자 물에 담가 색을 입힌 뒤 팬에 구운 거랍니다. 기호에 따라 배, 동치미 국물 등을 곁들여도 좋아요)

현미 찹쌀 콩떡

인위적인 단맛이 아닌 말린 곶감과 삶은 콩으로 단맛을 내 본연의 풍미를 살린 현미 찹쌀 콩떡입니다. 찹쌀은 양성 성질의 곡물로 비타민D, E를 다량 함유하고 있어 뼈를 튼튼하게 해주고, 노화 방지에 도움이 됩니다. 찹쌀을 먹으면 모유 양이 늘어 산모에게도 좋습니다. 또한, 체력 증진 효과도 뛰어난데요. 아기 이유식을 찹쌀로 시작하고 환자에게 찹쌀로 죽을 쑤어주는 것도 같은 이치입니다. 양성 성질의 찹쌀과 음성 성질의 강낭콩으로 맛과 영양을 고루 챙긴 현미 찹쌀 콩떡. 겨울 밤, 따뜻하게 즐겨보세요.

재료 현미 찹쌀가루(불려서 빻은 것) 400g, 삶은 검정 강낭콩 300g, 삶은 땅콩 50g, 곶감 50g, 따뜻한 물 4큰술, 비정제 사탕수수 원당 2큰술, 토판염 1/4작은술

1 곶감은 잘게 자른다.

2 따뜻한 물을 제외한 나머지 재료를 볼에 넣고 잘 섞는다.

3 2에 분량의 따뜻한 물을 넣고 가루를 손으로 비빈다.

4 냄비에 물을 넣고 물이 끓으면 체반 위에 보자기를 깔고 3을 넣는다. 가운데에 약간의 홈을 내고 중간중간 공기가 통하도록 젓가락으로 찔러준 후 보통 불에서 20분간 찐 뒤 불을 끄고 5분간 더 뜸을 들인다.

5 종이 호일 위에 기름을 살짝 바르고 떡을 올린 뒤 여러 번 치댄 뒤 모양을 잡아 살짝 굳힌다.(찰떡은 기름을 바르지 않으면 달라붙어서 잘 떨어지지 않아요)

메밀소바

메밀은 차가운 음성 성질을 가지고 있어 몸 안의 열을 내려주고 내장 기관의 염증을 가라앉히는 작용을 합니다. 체질적으로 열이 많은 사람이 메밀 음식을 먹으면 몸속에 쌓여있던 열기가 빠져나가 몸이 가벼워지고 기운이 나는 효과가 있습니다. 노화 예방, 피부미용, 심혈관질환 예방, 당뇨 치료, 두통 해소에도 좋습니다. 겨울에는 보통 양성 성질의 재료로 만든 음식을 먹기 때문에 몸속의 열이 모여 순환되지 않는 경우가 많습니다. 이때 음성 성질의 음식을 적절히 먹어주면 에너지 순환에 도움이 됩니다. 그래서 우리 선조들은 예로부터 겨울에 메밀을 이용한 음식을 먹으면서 음양의 조화와 균형을 이루어 왔습니다. 소바의 부족한 양성 성질을 보완하기 위하여 고추냉이와 간 무를 넣어 같이 먹습니다.

쯔유 표고 다시마 우린 물 2ℓ, 양파 1개, 건표고버섯 5개, 무1/5개, 마늘 5쪽, 대파(뿌리까지)1개, 비정제 사탕수수 원당 120cc, 조선간장 300cc, 맛술 75cc

건더기 다진 파, 간 무, 생고추냉이, 구운 김, 메밀국수

1 무는 1cm 두께로 썰어 냄비에 넣고 표고 다시마 우린 물, 건표고버섯, 대파, 대파뿌리, 마늘을 전부 넣고 물이 끓으면 약 불로 줄여 1시간 정도 끓인다.

2 육수가 완성되면 비정제 사탕수수 원당, 조선간장, 미림을 넣고 10분간 더 끓인다.

3 2를 체에 내려 식으면 냉장고에 보관한다(냉동고도 좋아요)

4 소바쯔유는 기호에 맞게 물을 섞어 먹는다.

5 메밀국수를 삶아 그릇에 담고, 간 무, 다진 파, 고추냉이, 구운 김을 곁들어 먹는다.

매생이죽

철분과 칼슘이 풍부하고 소화흡수가 뛰어난 바다의 천연 소화제, 매생이 기억하시지요? 음성 성질의 매생이에 양성 성질의 찹쌀로 죽을 끓여 원기를 북돋워 주는 겨울 보양식, 매생이 죽입니다.

재료 현미 찹쌀 1.5컵, 표고버섯 3개(100g), 무말랭이 한줌(10g), 표고 다시마 우린 물 8컵, 양파 가루 1큰술, 표고버섯 가루 1.5큰술, 조선간장 1.5큰술, 매생이 150g, 다진 마늘 1작은술, 참기름 약간

1 현미 찹쌀은 전날 밤 미리 불려둔다.

2 표고버섯과 팽이버섯은 먹기 좋게 자른다.(말린 버섯을 사용해도 좋아요)

3 냄비에 기름을 넣고 표고버섯, 팽이버섯, 불린 현미 찹쌀을 넣고 볶다가 무말랭이, 표고버섯 육수를 넣고 센 불에서 끓이다가 약 불로 줄여 30분간 더 끓인다.

4 국물 상태에 따라 표고 다시마 우린 물을 가감해 가며 20분간 더 끓인다.

5 표고버섯 가루, 양파 가루, 다진 마늘(선택), 조선간장을 넣고 한소끔 끓인 뒤 매생이를 넣고 한 번 더 끓인다. 불을 끄고 참기름을 넣어 마무리.

들깨 토란 찜

한민이의 마크로비오틱이 고른 마지막 겨울 제철 요리 재료는 들깨와 토란입니다. 들깨 토란 찜은 토란의 음성 성질을 보완해주고 추운 겨울 따뜻한 성질을 보충해주는 들깨를 더한 요리입니다. 양성 성질의 들깨는 두뇌발달과 치매 예방에 탁월하고, 들깨에 들어 있는 비타민E는 거친 피부, 아토피 피부 등 피부 개선 효과가 뛰어납니다.(장시간 햇볕에 노출되어 그을린 부위가 잘 회복되지 않을 때 들기름을 발라보세요) 들깨에 특히 많이 함유된 리놀렌산은 막힌 혈관을 개선해주어 동맥경화와 같은 질병도 예방해 줍니다. 따라서 겨울뿐만 아니라 무더위로 체력이 떨어진 여름이나 기력 보충이 필요한 산후조리 시기에도 들깨 요리를 권장합니다. 토란은 소화 기능과 갈증 해소를 돕고 소변을 맑게 해주며, 허약체질을 개선해 주는 효능을 갖고 있습니다. 토란대 자체는 음성 성질인데 말린 토란대에는 양성의 기운이 더해져 음양의 균형을 얻기 좋습니다.

재료 삶은 토란대 두 줌(200g), 느타리버섯 두 줌(80g), 표고 다시마 우린 물 200cc, 들깻가루 1큰술, 조선간장 1.5큰술, 들기름 약간

1 팬에 유채유를 두르고 토란대, 버섯 순으로 볶다가 조선간장과 들깻가루를 넣고 한 번 더 볶는다.
2 표고 다시마 우린 물을 넣고 약 불에서 10~15분간 끓인다.
3 불을 끄고 마지막에 들기름을 살짝 넣어 마무리.

디저트,

한민이의 마크로비오틱 디저트는 국산 통밀가루, 국산 현미쌀
가루, 유기농 비정제 원당을 사용하고, 정제된 밀가루, 설탕,
유제품 등은 일절 사용하지 않는, 건강하지만 맛있는 마크로
비오틱 비건 베이킹입니다.
이번 개정판에는 누구나 좋아할만한 베이킹 메뉴 5가지를 선
보입니다.만들기 쉬운 쿠키류부터, 계절 케이크까지 도전해보
세요.

피칸 파이

재료A 국산 현미 쌀가루 65g, 100% 아몬드가루 40g, 국산 감자전분 10g, 국산 토판염 1꼬집

재료B 유기농 비정제 사탕수수 시럽 20g, 무첨가 두유 30g, 유채유 30g

재료C 피칸 150g, 국산 쌀조청 100g, 머스코바도 원당 60g, 국산 감자전분 10g, 국산 한천가루 5g, 물 30g

1 볼에 분량대로 재료A를 계량한 뒤 잘 섞는다.

2 1에 분량대로 재료B를 계량해 넣고 파이 반죽을 한다.

3 파이틀에 반죽을 넣고 균일한 두께로 반죽틀에 맞게 성형한다.

4 180도 예열된 오븐에 10분간 구워 식혀 파이 시트 완성.

5 냄비에 분량의 재료C를 전부 넣고 끓으면 불을 끈다.

6 만들어둔 파이 시트에 한번 졸인 필링 5를 붓고 180도 예열된 오븐에 10~15분간 한 번 더 구워 완성

비건 베이킹에 필요한
유기농 비정제 사탕수수 시럽 만들기

재료 유기농 비정제 사탕수수 원당 500g, 물 250g

냄비에 분량의 재료를 넣고 센불에서 끓이다가 끓으면 불을 바로 끈다.(절대 젓지 않습니다. 저으면 다시 결정이 생겨 버려요!)

진저 쿠키

재료A 국산 현미 쌀가루 90g, 100% 아몬드 가루 45g, 공정무역 유기농 시나
몬 파우더 2g, 국산 토판염 1꼬집

재료B 생강차 우린물 15g, 코코넛 밀크 10g, 유기농 코코넛 오일 25g, 유기농
비정제 사탕수수 시럽 45g

1   볼에 분량대로 재료A를 계량한 뒤 잘 섞는다.

2   1에 재료B를 계량해 넣은 뒤 반죽을 완성한다.

3   반죽은 밀대로 0.5cm 두께로 밀고, 원하는 모양의 쿠키틀로 찍는
다.

4   180도 예열된 오븐에 10~15분간 노릇하게 구워 완성

코코넛 쿠키

재료A 국산 통밀가루 100g, 100% 아몬드 가루 60g, 유기농 코코넛 플레이크 40g, 글루텐&알루미늄 프리 베이킹 파우더 2g, 국산 토판염 1꼬집

재료B 유기농 코코넛 밀크 30g, 유기농 비정제 사탕수수 시럽 50g, 유채유 50g

1 볼에 분량대로 재료A를 계량한 뒤 잘 섞는다.

2 1에 재료B를 계량해 넣은 뒤 반죽을 완성한다.

3 완성된 반죽은 지름 4cm크기의 밀대 모양으로 반죽을 성형한다.

4 만든 코코넛 쿠키 반죽은 냉동고에서 최소 2~3시간 얼린다.(냉동고 얼린 쿠키 반죽은 3달까지 보관 가능해요)

5 얼린 반죽을 상온에서 5분 해동한 뒤, 0.7cm 두께로 잘라 180도 예열된 오븐에 10~15분간 노릇하게 구워 완성

다크 초콜릿

재료A 무첨가 두유 70g, 유기농 비정제 사탕수수 원당 45g, 국산 토판염 1꼬집

재료B 벨기에 코코넛 버터 45g, 벨기에 코코넛 매스 70g

1 볼에 분량대로 재료A를 계량한 뒤 비정제 원당이 녹을 때까지 중탕한다.

2 1에 분량의 재료B를 넣고 스패츌러로 젓다가 매스와 버터가 녹을 때쯤 볼을 테이블 위에서 다 녹을 때까지 계속 젓는다.

3 2의 초콜릿이 농도가 살짝 진해지고 윤기가 나면 원하는 초콜릿 몰드에 담고 냉장고에서 3~4시간 굳혀 완성

시즌 과일 케이크

케이크 시트 재료A 국산 통밀가루 100g, 100% 아몬드 가루 40g, 글루텐&
알루미늄 프리 베이킹 파우더 4g, 국산 토판염 1꼬집

케이크 시트 재료B 무첨가 두유 110g, 유기농 비정제 사탕수수 시럽 80g,
유채유 50g

1   볼에 분량대로 재료A를 계량한 뒤 잘 섞는다.

2   1에 재료B를 계량해 넣은 뒤 휘퍼로 반죽을 젓는다.

3   케이크 틀에 유산지를 깔고 만들어 둔 반죽을 넣고 180도 예열된
오븐에서 25~30분간 구워 식힌다(젓가락으로 찔렀을 때 묻어나오
지 않아야 해요).

4   식힌 케이크 시트는 2등분한다.

두유크림 재료 무첨가 두유 450g, 유기농 코코넛 크림 45g, 유기농 비정제 사
탕수수 원당 80g, 국산 한천 5g, 국산 감자전분 11g(국산 고구
마, 국산 옥수수 전분, 국산 소맥전분도 가능), 국산 토판염 2g

1   볼에 분량의 재료를 전부 넣고 휘퍼로 잘 젓는다.

2   중불에서 1를 휘퍼로 저어가면서 끓인다.

3   2가 끓기 직전 불을 끄고 그대로 식혀 굳힌다(양갱처럼 굳어질 때까
지 그대로 둡니다).

4   3의 굳은 두유를 믹서에 담고, 유기농 코코넛 오일을 25g을 첨가한
뒤, 부드럽게 크림이 될 때까지 갈아준다.

5   완성된 크림은 냉장고에서 1시간 숙성.

케이크 만들기

1   반으로 자른 케이크 시트 윗면에 유기농 비정제 사탕수수 시럽
을 바른다.

2   그 위에 만들어 둔 케이크 시트 높이와 비슷하게 두유크림을 퍼
바른다.

3   그 위에 다시 케이크 시트를 올리고 한 번 더 크림을 발라 마무
리.

4   제철 과일을 올려 장식한다.

비건의 취향

© 김한민 2021

1판 1쇄 발행 2019년 12월 13일
개정증보판 2쇄 발행 2021년 10월 23일

지은이 | 김한민

펴낸이 | 정태준
편집장 | 자현
마케팅 | 안세정

펴낸곳 | 책구름
팩스 | 0303-3440-0429
이메일 | bookcloudpub@naver.com
페이스북 | www.facebook.com/bookcloudpub
인스타그램 | www.instagram.com/bookcloudpub
ISBN | 979-11-974889-3-1 03590